FÍSICA.

PROBLEMAS RESUELTOS.

PARTE I.

Félix Álvarez

PRÓLOGO.

La presente obra ha sido pensada y realizada para ser una herramienta útil a aquellos alumnos de estudios de bachillerato tecnológico o de primeros años de universidad en carreras técnicas o científicas.

Este es un libro eminentemente práctico dirigido a consolidar aquellos conocimientos adquiridos en el estudio teórico de la materia, no obstante al inicio de cada capítulo se incorpora una breve introducción teórica con el único objetivo de recordar aquellas leyes fundamentales, ecuaciones y definiciones principales sobre las que trate el capítulo en cuestión. En cada capítulo los ejercicios van incrementando su complejidad a medida que se avanza en la realización de los mismos, de forma que el alumno va adquiriendo los conocimientos necesarios para la resolución de problemas complejos de manera progresiva.

La aplicación de los principios físicos y matemáticos, así como todas aquellas simplificaciones que se puedan hacer a la hora del cálculo se explican con todo detalle procurando que queden lo más claro posible a los lectores evitando las justificaciones pobres o la resolución de los problemas sin justificar y motivando debidamente el procedimiento de resolución.

Finalmente, el autor quiere hacer hincapié en que el propósito del presente libro es el de servir de ayuda y proporcionar una herramienta más para el estudio de los principios básicos de la física.

Espero encuentren el presente libro de ayuda para sus estudios.

Gracias.

El autor
Félix Álvarez
Ingeniero de minas

TABLA DE CONTENIDOS

CAPÍTULO 1.
INTRODUCCIÓN AL CÁLCULO VECTORIAL. 1
- PROBLEMA 1.1. 4
- PROBLEMA 1.2. 5
- PROBLEMA 1.3. 7

CAPÍTULO 2.
CINEMÁTICA DE LA PARTÍCULA. 9
- PROBLEMA 2.1. 13
- PROBLEMA 2.2. 14
- PROBLEMA 2.3. 16
- PROBLEMA 2.4. 18
- PROBLEMA 2.5. 21
- PROBLEMA 2.6. 25
- PROBLEMA 2.7. 28
- PROBLEMA 2.8. 31
- PROBLEMA 2.9. 35

CAPÍTULO 3.
DINÁMICA DE LA PARTÍCULA. 41
- PROBLEMA 3.1. 45
- PROBLEMA 3.2. 48
- PROBLEMA 3.3. 50
- PROBLEMA 3.4. 52
- PROBLEMA 3.5. 56

PROBLEMA 3.6. 59

PROBLEMA 3.7. 62

PROBLEMA 3.8. 64

PROBLEMA 3.9. 68

PROBLEMA 3.10. 72

CAPÍTULO 4.

DINÁMICA DE UN SISTEMA DE PARTÍCULAS...77

PROBLEMA 4.1. 81

PROBLEMA 4.2. 83

PROBLEMA 4.3. 85

PROBLEMA 4.4. 87

PROBLEMA 4.5. 88

PROBLEMA 4.6. 91

CAPÍTULO 5.

CONCEPTOS DE POTENCIA, TRABAJO Y ENERGÍA 95

PROBLEMA 5.1. 98

PROBLEMA 5.2. 100

PROBLEMA 5.3. 102

PROBLEMA 5.4. 103

PROBLEMA 5.5. 106

PROBLEMA 5.6. 108

PROBLEMA 5.7. 112

PROBLEMA 5.8. 117

PROBLEMA 5.9. 119

PROBLEMA 5.10. 122

CAPÍTULO 6.

DINÁMICA DE ROTACIÓN...................................125

PROBLEMA 6.1. 128

PROBLEMA 6.2. 131

PROBLEMA 6.3. 132

PROBLEMA 6.4. 134

PROBLEMA 6.5. 135

PROBLEMA 6.6. 136

PROBLEMA 6.7. 140

PROBLEMA 6.8. 144

PROBLEMA 6.9. 148

PROBLEMA 6.10. 150

CAPÍTULO 7.

TERMODINÁMICA..153

PROBLEMA 7.1. 159

PROBLEMA 7.2. 161

PROBLEMA 7.3. 165

PROBLEMA 7.4. 167

PROBLEMA 7.5. 171

PROBLEMA 7.6. 174

PROBLEMA 7.7. 176

PROBLEMA 7.8. 179

PROBLEMA 7.9. 182

PROBLEMA 7.10. 185

ANEXO 1.
    UNIDADES. 187
ANEXO 2.
    CONSTANTES FÍSICAS. 193
ANEXO 3.
    TRIGONOMETRÍA...195

CAPÍTULO 1.

INTRODUCCIÓN AL CÁLCULO VECTORIAL.

Se introducirán en este capítulo los conceptos y definiciones de magnitud escalar y magnitud vectorial.

DEFINICIONES

Magnitud escalar: Se dice que una magnitud es escalar si queda determinada únicamente por su valor numérico.

Magnitud vectorial: Se dice que una magnitud es vectorial si para ser determinado completamente se necesita de; un punto de aplicación, una dirección o recta de acción, un sentido y un módulo.

Principales características de un Vector.

1. *Punto de aplicación*. Es importante, en determinados casos conocer el punto de aplicación de un vector, pues producen diferente resultado una fuerza aplicada en un punto o en otro.

2. *Dirección o recta de acción*, que es la recta que contiene al vector en cuestión.

3. Sentido del vector. Indica mediante una flecha hacia qué lado de la recta de acción se dirige el vector.

4. Módulo del vector. Es el valor numérico de la magnitud representada (fuerza, velocidad, aceleración…).

SUMA VECTORIAL.

La suma de dos vectores se puede obtener gráficamente uniendo el extremo final de un vector (u_1) con el extremo inicial del vector que se suma (u_2).

De manera algebraica, la suma de dos vectores se calcula como la suma de sus componentes según los ejes cartesianos correspondientes;

$$u_1 + u_2 = (X_1, X_2, X_3) + (Y_1, Y_2, Y_3)$$

$$u_1 + u_2 = ((X_1 + Y_1), (X_2 + Y_2), (X_3 + Y_3))$$

PRODUCTO DE UN ESCALAR POR UN VECTOR.

El producto de un escalar (k) por un vector (v) es otro vector (kv) cuya dirección y sentido es la del vector inicial y su módulo la resultante de multiplicar le módulo del vector (v) por el escalar (k).

$$k \cdot v = k \cdot (V_1, V_2, V_3) = (kV_1, kV_2, kV_3)$$

PRODUCTO ESCALAR DE DOS VECTORES.

Se define el producto escalar de dos vectores a y b, como el producto de sus módulos por el coseno del ángulo que forman, siendo α dicho ángulo.

$$a \cdot b = |a| \cdot |b| \cdot \cos \alpha$$

El producto escalar de dos vectores es por lo tanto un escalar.

PRODUCTO VECTORIAL DE DOS VECTORES.

El producto vectorial de dos vectores tiene las características siguientes;

1. El módulo del producto vectorial es igual al producto de los módulos de los dos vectores por el seno del ángulo que forman.

$$|a \times b| = |a| \cdot |b| \cdot \sin \alpha$$

2. La dirección del producto vectorial de dos vectores es la recta perpendicular al plano que contiene a ambos vectores.

3. El sentido del producto vectorial de dos vectores será el del avance de un sacacorchos al girar el primero hacia el segundo por el camino más corto.

El producto vectorial de dos vectores es por lo tanto un vector.

INTRODUCCIÓN AL CÁLCULO VECTORIAL.

PROBLEMA 1.1. Sean los vectores **u**= 2i-4j-1k; **v**= 10i+10j-10k y **w**= -7i+2j-1k.

Calcúlese:

a)- La suma de los vectores **u** + **v**.

b)- La resta de los vectores **w**-**v**.

c)- El resultado de multiplicar 5 por el vector **u**.

Solución.

a)- La suma de los vectores **u** + **v**.

$$u + v = (2 + 10)i + (-4 + 10)j + (-1 - 10)k$$

$$u + v = 12i + 6j - 11k$$

b)- La resta de los vectores **w**-**v**.

$$w - v = (-7 - 10)i + (2 - 10)j + (-1 - 10)k$$

$$u - v = -17i - 8j - 11k$$

c)- El resultado de multiplicar 5 por el vector **u**.

$$5 \cdot u = 5(2i - 4j - 1k)$$

$$5 \cdot u = 10i - 20j - 5k$$

PROBLEMA 1.2. Sean los vectores **u**= 2i-4j-1k y **v**= 10i+10j-10k.

Calcúlese:

a)- El ángulo que forman ambos vectores.

b)- La proyección de **u** sobre **v**.

Solución.

a)- El ángulo que forman ambos vectores lo calculamos a partir de la definición de producto escalar de dos vectores.

La definición del producto vectorial es;

$$u \cdot v = |u| \cdot |v| \cdot \cos \alpha$$

Obtenemos los módulos de **u** y de **v**.

$$|u| = \sqrt{2^2 + (-4)^2 + (-1)^2}$$

$$|u| = 4{,}58$$

$$|v| = \sqrt{10^2 + 10^2 + (-10)^2}$$

$$|v| = 10$$

Realizamos el cálculo del escalar de los vectores.

$$u \cdot v = (2 \cdot 10) + ((-4) \cdot 10) + ((-1)(-10))$$

$$u \cdot v = -10$$

Ahora podemos despejar el cosα.

$$\cos\alpha = \frac{u \cdot v}{|u| \cdot |v|}$$

$$\cos\alpha = \frac{-10}{4{,}58 \cdot (-10)} = 0{,}22$$

De donde se puede obtener el valor del ángulo.

$\alpha = 77{,}3\,º$

b)- La proyección de **u** sobre **v**, es igual a:

$$|u_n| = |u| \cdot \cos\alpha$$

Despejando de la ecuación de producto escalar.

$$|u_n| = \frac{u \cdot v}{|v|}$$

Sustituimos los valores calculados en el apartado anterior;

$$|u_n| = \frac{-10}{10} = -1$$

PROBLEMA 1.3. Sean los vectores **u**= 2**i**-4**j**-1**k** y **v**= 10**i**+10**j**-10**k**.

Calcúlese:

a)- El módulo del producto vectorial de los dos vectores.

b)- La dirección del vector resultante.

Solución.

a)- Calculamos el módulo del producto vectorial.

$$|u \times v| = |u| \cdot |v| \cdot \sin \alpha$$

De la anterior ecuación, no conocemos el ángulo.

Si realizamos el **producto escalar** podemos obtener el ángulo que forman ambos vectores.

$$\cos \alpha = \frac{u \cdot v}{|u| \cdot |v|}$$

$$\cos \alpha = \frac{-10}{4{,}58 \cdot (-10)} = 0{,}22$$

De donde se puede obtener el valor del ángulo.

$\alpha = 77{,}3\,º$

Calculamos los módulos de los vectores;

$$|u| = \sqrt{2^2 + (-4)^2 + (-1)^2}$$

$|u| = 4{,}58$

$|v| = \sqrt{10^2 + 10^2 + (-10)^2}$

$|v| = 10$

Sustituyendo en la ecuación de producto vectorial.

$|u \times v| = |u| \cdot |v| \cdot \sin \alpha$

$|u \times v| = 4{,}58 \cdot 10 \cdot \sin 77{,}3$

$|u \times v| = 44{,}68$

b)- La dirección del vector resultante, es perpendicular al plano que contiene a los vectores **u** y **v**.

CAPÍTULO 2.

CINEMÁTICA DE LA PARTÍCULA.

La cinemática es una de las disciplinas de las que se compone el estudio de la física, se dedica al estudio del movimiento de los cuerpos en el espacio, independientemente de las causas que lo producen.

Por lo tanto, la cinemática solo estudia el movimiento en sí.

DEFINICIONES

Aceleración: La aceleración mide cuán rápido varia la velocidad en un intervalo de tiempo determinado.

Posición: Llamamos posición de un punto a su localización con respecto a un sistema de referencia.

Sistema de referencia: Es aquel sistema coordenado con respecto al cual se da la posición de los puntos y el tiempo.

Tiempo: Llamamos tiempo al continuo transcurrido entre dos instantes.

Velocidad: La velocidad mide cuán rápido varia la posición de una partícula o sólido en un intervalo de tiempo determinado.

Partícula puntual: Es un modelo físico. Se refiere a un elemento de tamaño diferencial (muy pequeño) y masa concentrada en su posición.

Sólido rígido: Se define solido rígido como un cuerpo cuyas distancias entre partículas permanecen constantes con el tiempo y bajo la acción de las fuerzas. Realmente los sólidos no son rígidos sino elásticos, no obstantes existe un gran número de casos en nuestra vida diaria donde esta simplificación nos conduce a resultados muy precisos.

Ecuaciones fundamentales de la cinemática.

Valores instantáneos.

Posición de la partícula	$r(t) = xi + yj + zk$
Velocidad de la partícula	$V = \dfrac{dr}{dt}$
Aceleración de la partícula	$a = \dfrac{dV}{dt} = \dfrac{d^2r}{dt^2}$

Valores medios.

Velocidad	$V = \dfrac{\Delta r}{\Delta t}$
Aceleración	$a = \dfrac{\Delta V}{\Delta t}$

Componentes intrínsecas de la aceleración.

Aceleración tangencial $\quad a_t = \dfrac{dv}{dt}$

Aceleración normal $\quad a = \dfrac{v^2}{R}$

Cinemática de movimientos comunes.

Movimientos rectilíneos.

Movimiento rectilíneo y uniforme.

| Ecuación de posición. | $x_t = x_0 + vt$ |

Movimiento rectilíneo y uniformemente acelerado.

Ecuación de posición. $\quad x_t = x_0 + vt + \dfrac{1}{2}at^2$

Ecuación de velocidad. $\quad v_t = v_0 + at$

Movimiento circular.

Movimiento circular y uniforme.

Ecuación de posición. $\quad \theta_t = \theta_0 + \omega t$

Movimiento rectilíneo y uniformemente acelerado.

Ecuación de posición. $\quad \theta_t = \theta_0 + \omega t + \dfrac{1}{2}\alpha t$

Ecuación de velocidad. $\quad \omega_t = \omega_0 + \alpha t$

CINEMÁTICA DE LA PARTÍCULA.

PROBLEMA 2.1. Una partícula se mueve según las ecuaciones x = t + 1, y = t² y z = 3. Obtener la ecuación cartesiana de la trayectoria.

Solución.

La partícula se mueve en una trayectoria plana, concretamente en el plano z = 3.

Para determinar la ecuación cartesiana despejamos el tiempo de la primera ecuación y la sustituimos en la segunda.

$$y = (x-1)^2 = x^2 - 2x + 1$$

La partícula sigue una trayectoria parabólica en el plano z = 3.

PROBLEMA 2.2. Una partícula se mueve según las ecuaciones x = t, y = 2t − 1, z = t + 1, siendo las coordenadas espaciales en metros y las temporales en segundos.

Calcúlese:

a)- Ecuación de posición en cualquier instante.

b)- Posición de la partícula en t = 0.

c)- Posición de la partícula en t = 5.

d)- Distancia al sistema de referencia, en t = 5.

e)- Trayectoria de la partícula.

Solución.

a)- Su vector de posición es;

$$r(t) = xi + yj + zk = ti + (2t - 1)j + (t + 1)k$$

b)- Posición en el instante t = 0;

$$r(t) = 0i - 1j + k$$

En el instante inicial la partícula se encuentra Q(0,-1,1).

c)- Posición en el instante t = 5;

$$r(t) = 5i - 9j + 6k$$

En el instante inicial la partícula se encuentra Q(5,9,6).

d)- Distancia al origen de coordenadas;

$$r = \sqrt{25 + 81 + 36} = 11{,}90 \; m.$$

e)- La ecuación de la trayectoria es;

en forma vectorial;

$$r(t) = ti + (2t-1)j + (t+1)k$$

En forma paramétrica;

$$x = t; y = 2t - 1; z = t + 1$$

En forma continua;

$$y = 2x - 1$$

$z = x + 1$

PROBLEMA 2.3. Una partícula se mueve según la ecuación x = t² - t - 2, en unidades del S.I.

Calcúlese:

a)- Posición inicial de la partícula.

b)- Instante en que la partícula pasa por el origen de coordenadas.

c)- Posición de la partícula en t = 5.

d)- Velocidad media de la partícula entre los instantes 2 s. y 3 s.

e)- Velocidad instantánea en t = 3 y t = 6.

Solución.

a)- En el instante inicial, la posición es x(t = 0) = - 2 m.

b)- La partícula pasa por el origen cuando x = 0, despejando de la ecuación;

$$0 = t^2 - t - 2$$

Resolviendo la ecuación tenemos que t = - 1 s. (que no tiene sentido físico) y t = 2 s, por lo tanto la partícula pasa por x = 0 en el instante t = 2 segundos.

c)- Posición en el instante t = 5;

$$x(t = 5) = 25 - 5 - 2 = 18\ m.$$

d)- Velocidad media;

$$V = \frac{\Delta x}{\Delta t} = \frac{x(t=3) - x(t=2)}{(3-2)} = \frac{4-0}{1} = 4\ m/s.$$

e)- La velocidad instantánea es la derivada de la ecuación de posición;

$$V = \frac{dx}{dt} = 2t - 1$$

Para t = 3 s. V = 5 m/s.

Para t = 6 s. V = 11 m/s.

PROBLEMA 2.4. El vector de posición de una partícual es r(t) = 2t³i + 2tj + k. Todas las unidades son metros y en segundos.

Calcúlese:

a)- Velocidad media entre los segundos t = 2 y t = 4 s.

b)- Velocidad en cualquier instante, o velocidad instantánea.

c)- Velocidad en t = 0.

d)- Aceleración en cualquier instante.

e)- Aceleración tangencial en cualquier instante.

f)- Aceleración normal en cualquier instante.

Solución.

a)- La velocidad media se calcula como el cociente entre la variación del vector de posición y la variación de tiempo;

$$V = \frac{\Delta r}{\Delta t} = \frac{r(t=4) - r(t=2)}{(4-2)} \, m/s.$$

$$V = \frac{\Delta r}{\Delta t} = \frac{128i + 8j + k - (16i + 4j + k)}{(4-2)}$$

$$V = \frac{\Delta r}{\Delta t} = = (56i + 2j) \, m/s.$$

b)- La velocidad en cualquier instante se obtiene al derivar el vector posición respecto del tiempo;

$$V = \frac{dr}{dt} = 6t^2 i + 2j$$

El módulo de la velocidad es;

$$\|V\| = \sqrt{36t^4 + 4} \, m/s$$

c)- La velocidad para t = 0;

$$V(t = 0) = 0i + 2j = 2j \, m/s.$$

d)- La aceleración instantánea;

$$a = \frac{dV}{dt} = 12ti \, m/s^2.$$

e)- Aceleración tangencial instantánea;

$$a_t = \frac{d\|V\|}{dt} = \frac{d}{dt}\left(\sqrt{36t^4 + 4}\right) = \frac{144t^3}{\sqrt{36t^4 + 4}} \, m/s^2.$$

f)- Aceleración normal instantánea, aplicando el teorema de Pitágoras se obtiene la aceleración normal.

$$a^2 = a_n^2 + a_t^2$$

$$a_n = \sqrt{a^2 - a_t^2}$$

$$a_n = \sqrt{144t^2 - \frac{20.736t^6}{36t^4 + 4}} \ m/s^2.$$

PROBLEMA 2.5. Un tren sale de la estación manteniendo una aceleración constante. Después de 10 segundos alcanza los 72 km/h. Se desplaza a velocidad constante durante 2 minutos. A su llegada a la estación empieza a frenar y recorre unos 200 m. hasta que se detiene del todo.

Calcúlese:

a)- Aceleración durante el arranque.

b)- Distancia recorrida durante la aceleración.

c)- Deceleración durante la parada.

d)- Distancia recorrida total.

e)- Diagramas de a-t, v-t.

Solución.

a)- La aceleración se calcula como la variación desde el reposo (t=0, v=0) hasta la velocidad de 72 km/h;

$$v(t=10) = 72\frac{km}{h} = 72\frac{1.000}{3.600} = 20 \ m/s$$

$$a = \frac{\Delta v}{\Delta t} = \frac{v(t=10) - v(t=0)}{(10-0)} = \frac{20-0}{10} = 2 \ m/s^2.$$

b)- La distancia recorrida se calcula a partir de ecuación que describe el movimiento, Movimiento rectilíneo uniformemente acelerado;

$$x_t = x_0 + v_0 t + \frac{1}{2} a t^2$$

Teniendo en cuenta que en el instante inicial $x_0 = 0$, $v_0 = 0$, t = 10 s. Sustituyendo valores obtendremos la distancia recorrida.

$$x_t = \frac{1}{2} 2 \cdot 10^2 = 100 \, m.$$

c)- Deceleración durante la parada; se sabe que la velocidad es de 20 m/s y recorre 200 m. hasta detenerse, $v_t = 0 \, m/s$.

Tenemos dos ecuaciones de movimiento uniforme acelerado y dos incógnitas, (aceleración y tiempo). Plateamos las ecuaciones.

$$x_t = x_0 + v_0 t + \frac{1}{2} a t^2$$

$$v_t = v_0 + at$$

Despejamos de la segunda ecuación la aceleración;

$$a = \frac{v_t - v_0}{t}$$

Sustituyendo en la primera ecuación;

$$x_t = x_0 + v_0 t + \frac{1}{2} (\frac{v_t - v_0}{t}) t^2$$

$$x_t = x_0 + v_0 t + \frac{1}{2}(v_t - v_0)t$$

$$x_t - x_0 = v_0 t + \frac{1}{2}(v_t - v_0)t$$

Teniendo en cuenta que $x_t - x_0 = 200\ m$. y $v_t = 0\ m/s$ sustituyendo en la ecuación tenemos que;

$$200 = \frac{1}{2} 20\, t$$

Tenemos que t es igual; $t = 20\ s$.

Por lo tanto ya podemos saber la deceleración en este tramo del recorrido.

$$a = \frac{-20}{20} = -1\ m/s^2.$$

d)- La distancia recorrida total será la suma del tramo de aceleración, el tramo a velocidad constante y el tramo de deceleración así por lo tanto;

En el tramo de aceleración ya lo habíamos obtenido $x_{t1} = 100\ m$.

En el tramo de velocidad constante;

$$x_{t2} = 20 \cdot 120 = 2.400\ m.$$

En el tramo de deceleración se recorre un espacio de $x_{t3} = 200\ m$.

La distancia total es de;

$$x_t = 100 + 2.400 + 200 = 2.700 \; m.$$

e)- Gráficos de **a-t** y **v-t**.

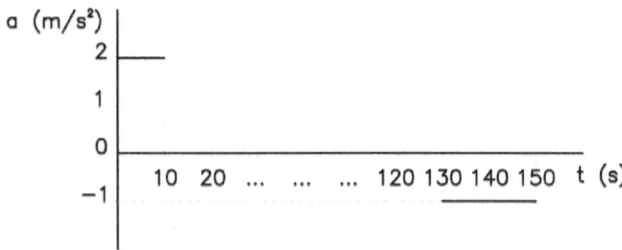

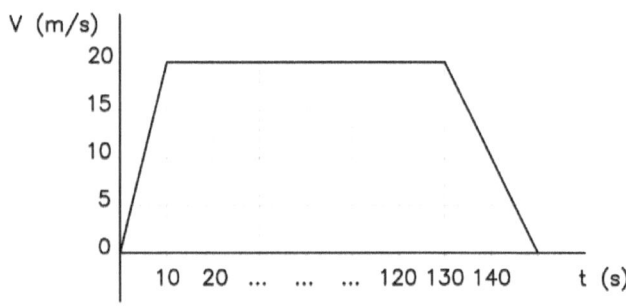

PROBLEMA 2.6. Un cuerpo sólido se desplaza siguiendo una circunferencia de radio 5 m. Su velocidad es constante de 5 m/s. En un determinado instante frena con una aceleración constante de 0,5 m/s² (-0,5 m/s²). hasta que se detiene definitivamente.

Calcúlese:

a)- Aceleración del sólido antes de iniciar su frenada.

b)- Aceleración 1 segundo después de empezar a frenar.

c)- Aceleración angular mientras frena (deceleración).

d)- Tiempo que transcurre hasta su detención total.

e)- Número de vueltas que da desde que empieza a frenar hasta que se para.

Solución.

a)- Antes de empezar a frenar el sólido se mueve a velocidad constante por lo que su aceleración tangencial será cero, no así su aceleración normal;

$$a_t = 0$$

$$a_n = \frac{v^2}{R} = \frac{25}{5} = 5 \ m/s^2$$

Por lo tanto, su aceleración total es coincidente con su aceleración normal, 5 m/s².

b)- Después de un 1 de empezar a frenar, su aceleración tangencial ya no es cero, y su aceleración normal ha variado, pues ya no se mueve a esa velocidad;

$$a_t = -0.5 \ m/s^2$$

$$a_n = \frac{v^2}{R} = \frac{(v_0 + at)^2}{R} = \frac{(5 - 0.5 \cdot 1)^2}{5}$$

$$a_n = 4.05 \ m/s^2$$

La aceleración total será La suma vectorial de las dos componentes (normal y tangencial), en este caso obtendremos solo su módulo;

$$a^2 = a_n^2 + a_t^2$$

$$a = \sqrt{a_n^2 + a_t^2} = \sqrt{4.05^2 + (-0.5)^2} = 4.08 \ m/s^2$$

c)- La aceración angular se calcula como el cociente entre la aceleración tangencial y el radio de curvatura de la trayectoria.

$$a_t = \alpha \cdot R$$

$$\alpha = \frac{a_t}{R} = \frac{-0.5 \ m/s^2}{5 \frac{m}{rad}} = -0.1 \ rad/s^2$$

d)- Tiempo hasta que se detiene definitivamente.

$$v_t = v_0 + at$$

$$t = \frac{v_t - v_0}{a} = \frac{(0-5)}{-0,5} = 10 \text{ s}.$$

e)- El número de vueltas que da hasta su parada será el cociente entre la distancia recorrida y la longitud de la circunferencia de radio R.

La distancia recorrida será;

$$d = v_0 t + \frac{1}{2} at^2 = 5 \cdot 10 + \frac{1}{2} \cdot (-0,5) \cdot 10^2 = 25 \text{ m}.$$

El número de vueltas es por tanto;

$$N = \frac{d}{2\pi R} = \frac{25}{31,42} = 0,7958 \text{ vueltas}$$

PROBLEMA 2.7. Un pescador quiere cruzar un rio de 50 m. de anchura; para lograrlo se dispone a cruzar perpendicularmente al cauce del rio con su barca, a una velocidad de 2 m/s. La velocidad de la corriente de agua es de 0,5 m/s.

Calcúlese:

a)- ¿Cuanto tardará en cruzar el rio?

b)- Velocidad absoluta de la barca.

c)- En qué lugar de la orilla opuesta desembarcará.

d)- Distancia recorrida por la barca.

Solución.

Existen dos movimientos, uno el movimiento de propulsión de la barca (V_1), accionada por los remos, y otro, el movimiento de arrastre de la corriente de agua (V_2).

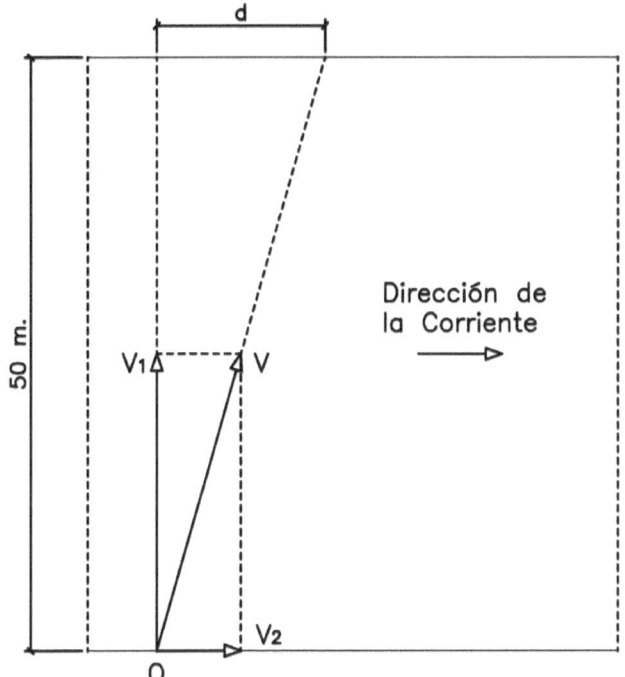

La velocidad absoluta de la barca será la suma vectorial de los dos vectores velocidad;

$$V = V_1 + V_2$$

a)- El tiempo que tarda en cruzar el rio es independiente de la velocidad de arrastre de la corriente, esta solo influye en que traslada la barca en dirección de misma;

$$t = \frac{d}{v_1} = \frac{50}{2} = 25 \ s.$$

b)- La velocidad absoluta de la barca es la suma vectorial de ambas velocidades, su módulo se calcula como el de cualquier otro vector;

$$v = \sqrt{v_1^2 + v_2^2} = \sqrt{2^2 + (0,5)^2} = 2,06 \; m/s$$

c)-La barca tarda 25 s. en cruzar a la otra orilla, durante ese tiempo la corriente del rio desplaza la barca en la misma dirección de la corriente;

$$d = v_2 t = 0,5 \cdot 25 = 12,50 \; m.$$

El desembarco se produce a 12,50 m. a la izquierda del punto de partida.

d)-La distancia recorrida por la barca será la suma vectorial de las dos componentes del desplazamiento;

$$d = \sqrt{50^2 + (12,50)^2} = 51,54 \; m/s$$

PROBLEMA 2.8. Desde lo alto de un edificio de 100 m. se lanza un cuerpo en dirección horizontal con una velocidad de 20 m/s.

Calcúlese:

a)- Posición del cuerpo 3 s. después de lanzarlo.

b)- Velocidad en t = 3 s.

c)- Cuanto tiempo tarda en llegar al suelo.

d)- Velocidad en el instante de llegar al suelo.

e)- Distancia horizontal máxima.

f)- En que momento se alcanza $v_x = v_y$.

Nota 1: Tomar g = - 10 m/s².

Nota 2: Se toma como origen de coordenadas el punto de lanzamiento, de tal manera que la posición será positiva hacia arriba y negativa hacia abajo.

Solución.

a)- Posición del cuerpo a los 3 s.

En dirección horizontal;

$$x = vt = 20 \cdot 3 = 60 \, m.$$

En dirección vertical;

$$y = \frac{1}{2}gt^2 = \frac{1}{2} \cdot (-10) \cdot 3^2 = -45 \, m.$$

La posición del cuerpo es **Q** (60,-45);

El vector posición es;

$$r = 60i - 45j$$

b)- Velocidad en t = 3 s.

La velocidad en dirección horizontal permanece constante, pues no se considera ningún tipo de rozamiento con el aire;

$$v_x = 20\ m/s.$$

La velocidad en dirección vertical se calcula como la aceleración de la gravedad por el tiempo, el signo menos indica que el sentido es hacia abajo;

$$v_y = gt = -10 \cdot 3 = -30\ m/s$$

El vector velocidad es;

$$v = 20i - 30j$$

El módulo de la velocidad es;

$$v = \sqrt{v_x^2 + v_y^2} = \sqrt{20^2 + (-30)^2} = 36{,}05\ m/s$$

c)- El tiempo que tarda en llegar al suelo se corresponde con el tiempo que tarda el cuerpo en recorrer una distancia de 100 m (altura del edificio). Por lo tanto;

$$y = \frac{1}{2}gt^2$$

$$t = \sqrt{\frac{2y}{g}} = \sqrt{\frac{2(-100)}{(-10)}} = 4{,}47 \ s.$$

d)- La velocidad en el instante del impacto, se calcula directamente al tener el tiempo que tarda el cuerpo en llegar al suelo;

$$v_x = 20 \ m/s.$$

$$v_y = gt = -10 \cdot 4{,}47 = -44{,}7 \ m/s$$

El vector velocidad es;

$$v = 20i - 44{,}7j$$

El módulo de la velocidad es;

$$v = \sqrt{v_x^2 + v_y^2} = \sqrt{20^2 + (-44{,}7)^2} = 48{,}97 \ m/s$$

e)- La distancia horizontal máxima es;

$$d = v_x t = 20 \cdot 4{,}47 = 89{,}4 \ m.$$

f)- En que momento se alcanza $v_x = v_y$.

$$v_x = v_y = gt$$

$$t = \frac{v_y}{g} = \frac{(-20)}{(-10)} = 2 \ s.$$

A los 2 segundos desde su lanzamiento se igualan las velocidades en los dos ejes.

PROBLEMA 2.9. Se dispara con un cañón un proyectil a una velocidad de 200 m/s y con un ángulo de elevación de 30°.

Calcúlese:

a)- Posición y velocidad a los 3 s. después de dispararlo.

b)- En qué instante se alcanzan los 400 m. de altura.

c)- Altura máxima alcanzada por el proyectil.

d)- Velocidad en el instante de máxima altura.

e)- Alcance máximo.

f)- Con qué velocidad llega el proyectil al suelo.

g)- Obtener la Ecuación de la trayectoria que sigue el proyectil.

Nota 1: Tomar g = - 10 m/s².

Nota 2:

$$\text{Sin } 30º = \frac{1}{2}; \quad \text{Cos } 30º = \frac{\sqrt{3}}{2}$$

Solución.

a)- Posición y velocidad a los 3 s. después de dispararlo.

Descomposición de la velocidad en sus componentes cartesianas;

$$v_{x0} = v_0 \cos 30° = 200 \cdot \frac{\sqrt{3}}{2} = 100\sqrt{3}\, m/s$$

$$v_{y0} = v_0 \sin 30° = 200 \cdot \frac{1}{2} = 100\, m/s$$

Ecuaciones de posición

$$x_t = x_0 + v_{x0}t + \frac{1}{2}at^2$$

$$y_t = y_0 + v_{y0}t + \frac{1}{2}gt^2$$

Ecuaciones de velocidad

$$v_x = v_{0x} + a_x t$$

$$v_y = v_{0y} + a_y t$$

Posición a los 3 s.

$$x_{t=3} = 0 + 100\sqrt{3} \cdot 3 + \frac{1}{2} 0 \cdot 100^2 = 300\sqrt{3}\, m$$

$$y_{t=3} = 0 + 100 \cdot 3 + \frac{1}{2}(-10) \cdot 3^2 = 255\, m$$

Velocidad a los 3 s, la aceleración en la dirección x en cero y en la dirección y es la aceleración de la gravedad -10 m/s.

$$v_x = v_{0x} = 100\sqrt{3}\, m/s$$

$$v_y = 100 + (-10) \cdot 3 = 70 \; m/s$$

b)- En qué instante se alcanzan los 300 m. de altura.

$$100 \cdot t + \frac{1}{2}(-10) \cdot t^2 = 400 \; m$$

Despejamos t de la ecuación anterior;

$$t_1 = 5{,}53 \; s.; t_2 = 14{,}47 \; s.$$

La altura de 400 m se alcanza durante el ascenso a los 5,53 segundos y durante el descenso a los 14,47 segundos.

c)- Cuando se alcanza la altura máxima el proyectil deja de ascender y empieza a descender por lo que durante un instante la velocidad en el eje y se hace cero, será en ese instante cuando se alcance la máxima altura. (Véase gráfico adjunto)

$$v_{y2} = 0 = 100 + (-10) \cdot t$$

$$t = 10 \; s.$$

A los 10 segundos desde su lanzamiento su velocidad según el eje y se hace cero y se alcanza, por lo tanto, la máxima altura.

$$y_{t=10} = 0 + 100 \cdot 10 + \frac{1}{2}(-10) \cdot 10^2 = 500 \; m$$

La altura máxima es de 500 m.

d)- La velocidad en el instante de máxima altura se corresponde con la velocidad en el eje x en el instante inicial, pues no existe ningún componente de aceleración que haga variar la velocidad según este eje. (Véase gráfico adjunto)

$$v_{1x} = v_{0x} = 100\sqrt{3}\,m/s$$

e)- El alcance máximo se alcanza cuando y = 0, es decir, cuando el proyectil cae nuevamente al suelo.

$$y_2 = y_0 + v_{y0}t + \frac{1}{2}gt^2$$

$$0 = 0 + 100t + \frac{1}{2}(-10)t^2$$

$$t_1 = 0\,s.; t_2 = 20\,s.$$

Se obtienes do valor de t que hacen y=0, uno en el instante inicial y otro después de 20 segundos, que corresponde con el instante en que el proyectil cae nuevamente a suelo.

Sustituyendo el valor de 20 segundos, en la ecuación de posición en el eje x, obtendremos el valor del alcance máximo.

$$x_{t=20} = 0 + 100\sqrt{3} \cdot 20 = 2.000\sqrt{3}\,m.$$

$$x_{t=20} = 3.464{,}10\,m.$$

El alcance máximo es de 3.464,10 m.

f)- Sustituyendo el valor de 20 segundos en las ecuaciones de velocidad obtenemos las componentes de la velocidad según los dos ejes.

$$v_x = v_{0x} + a_x t$$

$$v_y = v_{0y} + a_y t$$

$$v_{x2} = v_{0x} = 100\sqrt{3} \, m/s$$

$$v_{y2} = 100 + (-10) \cdot 20 = -100 \, m/s$$

El signo negativo de la velocidad según el eje y indica que la velocidad es hacia abajo.

El vector velocidad es;

$$V = v_x + v_y = 100\sqrt{3}i - 100j$$

El módulo de la velocidad es;

$$|V| = \sqrt{v_x^2 + v_y^2} = \sqrt{(100\sqrt{3})^2 + (-100)^2}$$

$$|V| = 200 \, m/s$$

g)- Para obtener la Ecuación de la trayectoria despejaremos el parámetro tiempo (t) de una de las ecuaciones de posición y sustituimos este parámetro en la otra ecuación.

Ecuaciones de posición

$$x_t = v_0 \cos \alpha \, t = v_{x0} t$$

$$y_t = v_0 \sin \alpha t + \frac{1}{2}gt^2 = v_{y0}t + \frac{1}{2}gt^2$$

Despejamos t de la primera ecuación.

$$t = \frac{x_t}{v_0 \cos \alpha}$$

Sustituímos t en la segunda ecuación.

$$y_t = v_0 \sin \alpha \left(\frac{x_t}{v_0 \cos \alpha}\right) + \frac{1}{2}g\left(\frac{x_t}{v_0 \cos \alpha}\right)^2$$

$$y_t = x_t \tan \alpha + \frac{1}{2}g\left(\frac{x_t}{v_0 \cos \alpha}\right)^2$$

La ecuación de la trayectoria se trata de una parábola del tipo $y = ax^2 + bx$.

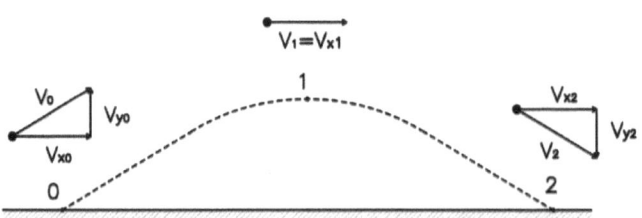

CAPÍTULO 3.

DINÁMICA DE LA PARTÍCULA.

La dinámica es la parte de la física que se dedica al estudio del origen del movimiento como tal, por lo que su estudio recae en el saber cuál es el origen de dicho movimiento.

DEFINICIONES

Cantidad de movimiento o **momento lineal**: Se llama así al vector resultante del producto de la masa de la partícula por la velocidad de la partícula, cuya dirección y sentido coincide con el vector velocidad.

Fuerza: Se define fuerza como toda causa, sin importar su origen, capaz de vencer la inercia de los cuerpos, es decir, de poner los cuerpos en movimiento o de detener los cuerpos que se hallen en movimiento.

Impulso de una fuerza: Se define el impulso de una fuerza como un vector de cuyo módulo es proporcional al producto de la fuerza que actúa por el tiempo en que esta actúa, su dirección y sentido coincide con la de la fuerza.

Inercia: Se define la inercia como la tendencia que tienen los cuerpos a permanecer en reposo o continuar en movimiento hasta que no actúa sobre ellos una fuerza que la venza.

Momento cinético: Se define momento cinético como el producto vectorial del vector posición por el vector cantidad de movimiento. La dirección y sentido de este vector son los que le corresponden por tratarse de un producto vectorial.

Rozamiento o Fuerza de rozamiento: Se define rozamiento como la resistencia que experimenta un cuerpo al avance cuando este se desplaza a través de un medio físico. Por ejemplo, a través de aire, a través del agua, deslizando sobre una superficie, rodando sobre una superficie, etc.

De la definición puede concluirse que, no existen fuerzas de rozamiento en el espacio exterior. En determinadas ocasiones se puede despreciar el rozamiento.

LEYES DE NEWTON.

Primera Ley de Newton o Principio de Inercia

Todo cuerpo tiende a mantener su estado de movimiento o de reposo mientras no se ejerza ninguna fuerza sobre él.

Segunda Ley de Newton.

Si sobre un cuerpo, actúa un conjunto de fuerzas tal que su suma es distinta de cero, este cuerpo poseerá una aceleración proporcional al módulo de esa fuerza resultante y cuya dirección coincide con la dirección de la fuerza.

$$\sum F = ma$$

Tercera Ley de Newton o Principio de Acción y Reacción.

Cuando un cuerpo ejerce una fuerza sobre otro, éste ejerce una fuerza igual y de sentido opuesto sobre el primero.

PRINCIPIO DE CONSERVACIÓN DE LA CANTIDAD DE MOVIMIENTO.

Si sobre un cuerpo no actúan fuerzas, o la resultante de todas las fuerzas que actúan es igual a cero, entonces la cantidad de movimiento del cuerpo permanece constante.

$$\sum F = \frac{dp}{dt} = 0$$

Ecuaciones fundamentales de la dinámica.

Segunda Ley de Newton

$$\sum F = ma$$

Impulso de una fuerza

$$Impulso = F \cdot \Delta t$$

Cantidad de movimiento

$$p = mv$$

Momento cinético

$$L = r \times p = \begin{vmatrix} i & j & k \\ x & y & z \\ mv_x & mv_y & mv_z \end{vmatrix}$$

PROBLEMA 3.1. Un ascensor posee una velocidad de régimen de 5 m/s, tanto para el ascenso como para el descenso. El ascensor tarda 2 s. en alcanzar la velocidad de régimen o en detenerse por completo. Si en el ascensor hay un peso de 1.000 kp y la masa del ascensor es de 1.000 kg.

Calcúlese:

a)- Fuerza que ejerce el peso durante el arranque de ascensor en sentido ascendente.

b)- Fuerza durante la velocidad de régimen en sentido ascendente.

c)- Fuerza durante la detención del ascensor en el sentido ascendente.

d)- Tensión del cable en los anteriores casos.

Nota 1: Tomar g = - 10 m/s².

Nota 2:. 1kp = 10 N; un kilopondio es la fuerza que ejerce una masa de 1 kilo, es decir, una masa de 1 kg tiene un peso de 10 N.

Nota 3:

$$\sum F = ma$$

Solución.

a)- Durante el arranque el peso de 1000 kp ejercerá la fuerza de su peso mas la fuerza de reacción del peso a la acción del ascensor. Así por lo tanto tenernos que;

$$a = \frac{\Delta v}{\Delta t} = \frac{v_t - v_0}{t} = \frac{5-0}{2} = 2{,}5 \; m/s^2.$$

Por lo tanto la fuerza será la suma;

$$F_1 = mg + ma = m(g+a)$$

Hemos de recordar en este punto, que la aceleración de la gravedad es hacia abajo y la aceleración del ascensor es hacia arriba, y tener en cuenta que en virtud del principio de acción y reacción, el peso ejerce sobre el ascensor una fuerza igual y de sentido opuesto a la que el ascensor ejerce sobre el peso.

En caso de que no se entienda, imagínese a usted mismo subiendo en un ascensor que arranca, siempre tenemos la impresión de que cargamos algo de peso sobre nuestras piernas.

$$F_1 = 1000(10 + 2{,}5) = 12.500 \; N$$

b)- Durante la velocidad de régimen la aceleración de la cabina es nula, por lo que la fuerza que se ejerce es únicamente la del propio peso.

$$F_1 = m(g+a) = 1.000 \; (10+0) = 10.000 \; N$$

c)- Durante la detención, la aceleración cambia de signo por lo que;

$$a = \frac{\Delta v}{\Delta t} = \frac{v_t - v_0}{t} = \frac{0-5}{2} = -2{,}5 \; m/s^2.$$

$$F_1 = m(g+a) = 1.000\,(10-2{,}5) = 7.500 \; N$$

d)- Calcular la tensión en el cable, en los anteriores casos.

El cable deberá de soportar el peso de la cabina, el peso de las masas transportadas en el interior y los esfuerzos (fuerzas) debidos a las arrancadas y frenadas del ascensor.

$$\sum F = T - (P_1 + P_2) = (m_1 + m_2)a$$

$$T = (P_1 + P_2) + (m_1 + m_2)a$$

$$T = (m_1 + m_2)g + (m_1 + m_2)a$$

$$T = (m_1 + m_2)(g + a)$$

En el arranque a=2,5 m/s²;

$$T = (1.000 + 1.000)(10 + 2{,}5) = 25.000 \; N$$

En régimen a=0;

$$T = (1.000 + 1.000)(10 + 0) = 20.000 \; N$$

En la parada a=-2,5 m/s²

$$T = (1.000 + 1.000)(10 - 2{,}5) = 15.000 \; N$$

PROBLEMA 3.2. Calcular la fuerza de rozamiento entre un cuerpo de 100 kg. Y una superficie horizontal y plana, para los siguientes casos.

a)- El cuerpo se encuentra en reposo sobre la superficie.

b)- Fuerza de necesaria para iniciar el movimiento.

c)- Fuerza necesaria para mantener un movimiento uniforme del cuerpo.

Nota 1: Coeficiente de rozamiento estático.

$$\mu_e = 0{,}4$$

Nota 2: Coeficiente de rozamiento cinético.

$$\mu_c = 0{,}2$$

Solución.

a)- Si el cuerpo está en reposo y no se ejerce ninguna fuerza sobre el mismo, no existe ninguna fuerza de rozamiento entre el cuerpo y la superficie.

b)- La fuerza necesaria para iniciar el movimiento es la fuerza de rozamiento máxima, es decir;

$$N = mg = 1.000\ N$$

$$F = \mu_e N = 0{,}4 \cdot 1000 = 400\ N$$

c)- La fuerza necesaria para mantener el movimiento uniforme es aquella que iguala a la fuerza del rozamiento cinético.

$$F = \mu_c N = 0{,}2 \cdot 1000 = 200\ N$$

PROBLEMA 3.3. Un disco de hockey, de 1 kg de masa, se lanza sobre una superficie de hielo con una velocidad inicial de 20 m/s. Con un coeficiente de rozamiento cinético de 0,1.

Calcúlese:

a)- Tiempo hasta que se detiene.

b)- Longitud recorrida hasta que se detiene.

c)- Aceleración media en el proceso de detención.

Nota 1: Tomar g = - 10 m/s².

Solución.

a)- Calculamos el tiempo hasta que se detiene.

$$\sum F = -F_r = ma$$

Por otra parte la fuerza de rozamiento se calcula como;

$$F_r = \mu_e N = \mu_e mg = 0{,}1 \cdot 1 \cdot 10 = 1N$$

Igualamos las dos expresiones;

$$-1 = 1 \cdot a$$

$$a = -1 \ m/s^2$$

Como la aceleración es igual a la variación de la velocidad partido el tiempo, podemos obtener el tiempo hasta que se detiene.

$$a = \frac{\Delta v}{\Delta t} = \frac{v_t - v_0}{t}$$

$$t = \frac{\Delta v}{a} = \frac{v_t - v_0}{a} = \frac{0 - 20}{-1} = 20 \, s.$$

El disco tarda 20 segundos en detenerse.

b)- Longitud recorrida hasta que se detiene.

$$x = x_0 + v_0 t + \frac{1}{2} a t^2$$

$$x = 0 + 20 \cdot 20 + \frac{1}{2} \cdot (-1) \cdot 20^2 = 200 \, m.$$

El disco recorre 200 m. hasta que se detienes definitivamente.

c)- La aceleración media hasta que se detienes ya la hemos calculado en el apartado a). Siendo esta;

$$a = \frac{\Delta v}{\Delta t} = \frac{v_t - v_0}{t}$$

$$a = \frac{\Delta v}{\Delta t} = \frac{0 - 20}{20} = -1 \, m/s^2$$

El mismo valor que habíamos obtenido.

PROBLEMA 3.4. Sea un plano inclinado de 20 m. de longitud y con una inclinación de 30°.

Calcúlese:

a)- Velocidad inicial, o velocidad de lanzamiento, que habrá que darle a un cuerpo de 1 kg. Para que llegue a la parte superior del plano con velocidad nula.

b)- Tiempo transcurrido hasta llegar arriba.

Nota 1: Tomar g = 10 m/s² y sentido hacia abajo, como siempre.

Nota 2:.

$$\text{Sin } 30º = 0,5; \quad \text{Cos } 30º = \frac{\sqrt{3}}{2}$$

Nota 3: Coeficiente de rozamiento cinético.

$$\mu_c = 0,2$$

Solución.

a)- Lo primero que haremos será intentar calcular la aceleración a la que está sometido el cuerpo, hay que tener en cuenta que esta aceleración se opone a movimiento del cuerpo y por tanto tiende a detenerlo.

$$\sum F = F_m - F_c - F_r = ma$$

Siendo F_m, F_c y F_r, la fuerza motriz, fuerza del propio peso que se opone a la subida por el plano y la fuerza de rozamiento entre el cuerpo y la superficie, respectivamente.

En este caso una vez se inicia el ascenso, no hay fuerza motriz, por lo que $F_m = 0$.

$$\sum F = 0 - F_c - F_r = ma$$

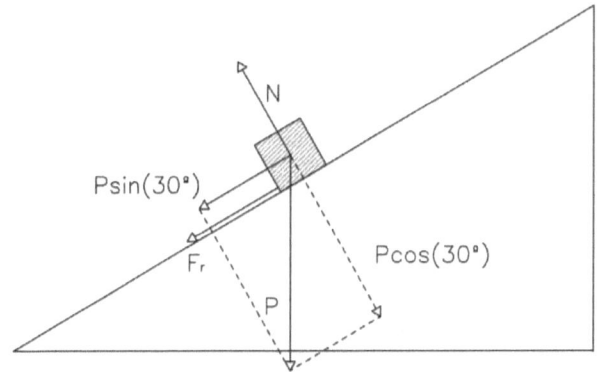

Sustituimos las fuerzas por sus expresiones correspondientes en la ecuación anterior y nos queda;

$$\sum F = 0 - F_c - F_r = -mg\sin 30 - \mu_c mg\cos 30 = ma$$

$$-mg\sin 30 - \mu_c mg\cos 30 = ma$$

$$-mg(\sin 30 + \mu_c \cos 30) = ma$$

Simplificamos la masa de la ecuación y ya podemos calcular directamente el valor de la aceleración;

$$a = -g(\sin 30 + \mu_c \cos 30)$$

$$a = -10\left(\frac{1}{2} + 0{,}2\frac{\sqrt{3}}{2}\right) = -6{,}73 \ m/s^2$$

Ahora conocemos la aceleración y podemos, con ayuda de las ecuaciones de la cinética, conocer qué velocidad habremos de darle para que llegue arriba con velocidad nula.

$$x = x_0 + v_0 t + \frac{1}{2}at^2$$

$$v = v_0 + at$$

Tenemos dos ecuaciones con dos incógnitas. Despejamos de la segunda ecuación el tiempo;

$$t = \frac{v - v_0}{a}$$

Sustituyendo en la primera ecuación;

$$x = x_0 + v_0\left(\frac{v-v_0}{a}\right) + \frac{1}{2}a\left(\frac{v-v_0}{a}\right)^2$$

$$x = v_0\left(\frac{v-v_0}{a}\right) + \frac{1}{2}a\frac{(v-v_0)^2}{a^2}$$

Reordenando y simplificando la expresión anterior, se obtiene;

$$2ax = v^2 - v_0^2$$

Despejando la velocidad inicial de la ecuación anterior obtenemos;

$$v_0 = \sqrt{v^2 - 2ax}$$

Sustituyendo los valores en la ecuación anterior;

$$v_0 = \sqrt{0^2 - 2(-6{,}73)20}$$

$$v_0 = 16{,}41 \ m/s$$

Por lo que habrá que imprimirle al cuerpo una velocidad inicial de 16,41 m/s para que llegue al final del plano inclinado con velocidad nula.

b)- El tiempo hasta que llega a la parte superior del plano, se calcula sustituyendo directamente en la ecuación de la cinética de las velocidades;

$$v = v_0 + at$$

$$0 = 16{,}41 + (-6{,}73)t$$

$$t = \frac{0 - 16{,}41}{-6{,}73} = 2{,}44 \ s.$$

PROBLEMA 3.5. Se desea subir un cuerpo de 10 kg. de masa por un plano inclinado a velocidad constante. La inclinación del plano es de 10%.

Calcúlese:

La fuerza paralela al plano necesaria para conseguir que suba a velocidad constante.

Nota 1: Tomar g = 10 m/s² y sentido hacia abajo.

Nota 2:. Pendiente de 10%, ángulo de inclinación;

$$\tan \alpha = \frac{10}{100}$$

Nota 3: Coeficiente de rozamiento cinético.

$$\mu_c = 0{,}2$$

Solución.

Para tener las ideas más claras nos fijamos en el siguiente dibujo; por otra parte el ángulo de inclinación es de $\alpha = 6{,}34º$

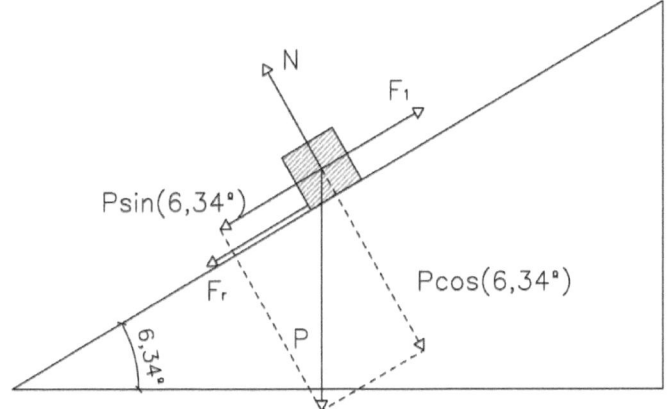

Planteamos la ecuación de la segunda ley de Newton;

$$\sum F = ma$$

$$\sum F = F_1 - P\sin(6{,}34º) - F_r = ma$$

Como el cuerpo sube por la rampa a velocidad constante, tenemos que la aceleración es, por tanto, igual a cero.

$$F_1 - P\sin(6{,}34º) - F_r = 0$$

Despejamos F_1 de la ecuación;

$$F_1 = P\sin(6{,}34º) + F_r$$

$$F_1 = P\sin 6{,}34º + \mu_c mg\cos(6{,}34º)$$

Sustituimos los valores;

$$F_1 = 10\sin 6{,}34° + 0{,}2 \cdot 10 \cdot 10\cos(6{,}34°)$$

$$F_1 = 1{,}10 + 19{,}89 = 20{,}98\ N$$

Se necesita una fuerza de 20,98 N para subir el cuerpo a velocidad constante.

PROBLEMA 3.6. Dos cuerpos de 1 kg. cada uno cuelgan de los extremos de una cuerda que pasa por una polea. Según el esquema que se indica en la figura.

Calcúlese:

a)- ¿qué peso habría que añadirle a uno de ellos para que el otro recorra una distancia de 10 m. en 10 segundos?

b)- Tensión que soporta la cuerda.

Nota 1: Tomar g = 10 m/s² y sentido hacia abajo.

Solución.

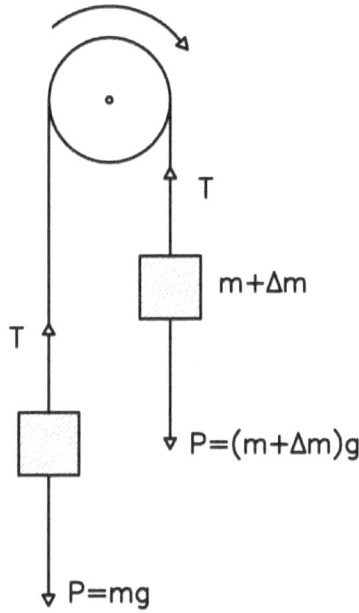

a)- Primeramente determinaremos la aceleración con que se desplazan ambos cuerpos, pues cuando uno de ellos baja el otro sube y viceversa.

$$x_t = x_0 + v_0 t + \frac{1}{2} a t^2$$

Según lo que se dice en el enunciado sabemos que el cuerpo se desplaza 10 m, la velocidad inicial es cero y que tarda 10 segundos en hacerlo, por lo tanto;

$$x_t - x_0 = \frac{1}{2} a t^2$$

$$10 = \frac{1}{2} a 10^2$$

$$a = \frac{20}{100} = 0{,}2 \ m/s^2$$

Aplicamos las leyes de la dinámica a cada uno de los cuerpos por separado;

$$\sum F = F_m - F_r = ma$$

Hay que destacar que la fuerza motriz, fuerza que produce el movimiento, es diferente en cada uno de los cuerpos, en uno es el peso de cuerpo y en el otro es la tensión que la cuerda le transfiere.

Una vez hecha la aclaración anterior planteamos las ecuaciones de la dinámica para cada cuerpo;

$$(m + \Delta m) \cdot g - T = (m + \Delta m)a$$

$$T - mg = ma$$

Sumamos las ecuaciones anteriores miembro a miembro, con lo que eliminamos la Tensión de la cuerda de la ecuación.

$$(m + \Delta m) \cdot g - mg = (m + \Delta m) \cdot a + ma$$

$$(\Delta m) \cdot g = 2ma + (\Delta m) \cdot a$$

$$(\Delta m) \cdot (g - a) = 2ma$$

$$(\Delta m) = \frac{2ma}{(g - a)}$$

Sustituyendo los valores en la ecuación anterior obtendremos le incremento de masa necesario para que se produzca el efecto deseado.

$$(\Delta m) = \frac{2 \cdot 1 \cdot 0{,}2}{(10 - 0{,}2)} = 0{,}04 \, kg.$$

a)- Para obtener la tensión sustituimos los valores obtenidos en una cualquiera de las ecuaciones anteriores.

$$T - mg = ma$$

$$T = ma + mg = m(a + g) = 1 \cdot (0{,}2 + 10) = 10{,}2 \, N$$

PROBLEMA 3.7. Un cuerpo de 2 kg. gira de manera horizontal unido a una cuerda anclada a su vez a un punto fijo. El radio de giro es de 1,50 m.

Calcúlese:

a)- Fuerza que soporta la cuerda cuando gira a 50 r.p.m.

b)- Fuerza que soporta la cuerda cuando gira a 100 r.p.m.

Nota 1: r.p.m = revolución por minuto.

Solución.

a)- Fuerza que soporta la cuerda cuando gira a 50 r.p.m.

$$T = ma_n = m\frac{v^2}{R} = m\frac{\omega^2 R^2}{R} = m\omega^2 R$$

Hay que recordar que;

$$v = \omega R$$

Obtenemos la velocidad angular en rad./s.

$$\omega = 50\ rpm = \frac{50\ (\frac{rev}{min.})2\pi(\frac{rad.}{rev.})}{1\ (min)60(\frac{s}{min.})} = 5,24\ rad/s$$

$$T = m\omega^2 R = 2 \cdot (5,24)^2 \cdot 1,50 = 82,27\ N$$

b)- Fuerza que soporta la cuerda cuando gira a 100 r.p.m.

$$\omega = 100\ rpm = \frac{100\ (\frac{rev}{min})2\pi(\frac{rad.}{rev.})}{1\ (min)60(\frac{s}{min.})} = 10{,}47\ rad/s$$

$$T = m\omega^2 R = 2 \cdot (10{,}47)^2 \cdot 1{,}50 = 328{,}99\ N$$

PROBLEMA 3.8. Un automóvil de 800 kg. circula por una carretera y en un determinado momento entra en a una curva con un radio de 50 m a una velocidad de 108 km/h. El coeficiente entre los neumáticos y el asfalto es de 0,25.

Calcúlese:

a)- Velocidad máxima a la que puede circular por la curva sin que deslice, si la curva es totalmente horizontal (no hay peralte).

b)-¿Cuál debe de ser el peralte para que no haya deslizamiento?

Nota 1: Tomar $g = 10$ m/s² y sentido hacia abajo.

Nota 2: Coeficiente de rozamiento $\mu = 0,25$.

Solución.

Observemos detenidamente el siguiente esquema, para aclarar las ideas acerca de qué fuerzas son las que aparecen en juego en este problema;

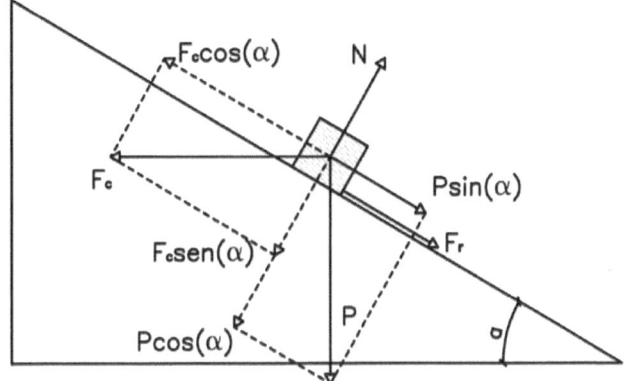

a)- Cálculo de la velocidad máxima sin que deslice. Este es un caso particular de curva con peralte, es el caso en el que el ángulo del peralte es igual a cero.

Planteamos la ecuación de la segunda ley de Newton. Como el automóvil no desliza la aceleración en dirección transversal al avance del automóvil es igual a cero. Por lo tanto, tenemos que;

$$\sum F = F_c - F_r = 0$$

La única fuerza que equilibra a la fuerza centrífuga, es la fuerza de rozamiento entre el asfalto y los neumáticos.

$$F_c = F_r$$

$$\frac{mv^2}{R} = mg\mu$$

Despejando la velocidad de la ecuación anterior obtenemos;

$$v = \sqrt{g\mu R}$$

$$v = \sqrt{10 \cdot 0{,}25 \cdot 50} = 11{,}18 \ m/s$$

$$v = 11{,}18\frac{m}{s} = 40{,}25 \ km/h$$

Por lo tanto la velocidad máxima a la que el automóvil podría dar la curva sería de 40,25 km/h. por lo que de no reducir la velocidad el automóvil se saldrá de la curva.

b)- Tal y como hemos visto solo con el rozamiento no es suficiente para que el vehículo no deslice una vez entre en la curva, pero, ¿cuál es el peralte mínimo necesario para que el vehículo no deslice a la velocidad de 108 km/h?

Planteamos la segunda ley de Newton en la dirección en la que se puede producir el deslizamiento.

$$\sum F = F_c - F_r - P\sin\alpha = 0$$

Sustituimos cada sumando por su expresión correspondiente.

$$m\frac{v^2}{R}\cos\alpha - \mu(mg\cos\alpha + m\frac{v^2}{R}\sin\alpha) -$$

$$-mg\sin\alpha = 0$$

Dividimos la ecuación anterior por $\cos\alpha$ y reordenamos los términos;

$$m\frac{v^2}{R} - \mu(mg + m\frac{v^2}{R}\tan\alpha) - mg\tan\alpha = 0$$

Simplificamos la expresión, eliminamos la masa de la ecuación y reordenamos los términos;

$$\frac{v^2}{R} - \mu g = \frac{v^2}{R}\tan\alpha + g\tan\alpha$$

$$\tan\alpha = \frac{v^2 - \mu g R}{\mu v^2 + gR}$$

Sustituimos los valores en la ecuación (108 km/h = 30 m/s.);

$$\tan\alpha = \frac{30^2 - 0{,}25 \cdot 10 \cdot 50}{0{,}25 \cdot 30^2 + 10 \cdot 50} = 1{,}07$$

Por lo tanto el ángulo mínimo necesario para que no deslice será;

$$\alpha = 46{,}91º$$

PROBLEMA 3.9. Una partícula de 5 kg. se despalza bajo la acción de una fuerza $\mathbf{F} = (5t^2)\mathbf{i} + 5\mathbf{j}$. En el instante inicial la partícula se encuentra en el punto $\mathbf{P}(2,1)$, con una velocidad $\mathbf{V} = 2\mathbf{i}$.

Calcúlese:

a)- La expresión de la velocidad en función del tiempo.

b)- La expresión de la posición en función del tiempo.

c)- Momento lineal de la partícula para t = 1 s.

d)- Momento cinético para t = 1 s.

Nota 1: Todas las unidades son en el S.I.

Solución.

a)- Para obtener la expresión de la velocidad obtendremos primeramente la expresión de la aceleración a partir de la segunda ley de Newton. Por lo tanto;

$$\sum F = ma$$

$$a = \frac{1}{5}(5t^2 i + 5j)$$

$$a = t^2 i + j$$

La relación entre la aceleración y la velocidad es bien conocida;

$$a = \frac{dv}{dt}$$

Por lo tanto;

$$\int_0^t dv = \int_0^t a\,dt = \int_0^t (t^2 i + j)\,dt$$

$$v_t - v_0 = v_t - 2i = \frac{t^3}{3}i + tj$$

$$v_t = \left(\frac{t^3}{3} - 2\right)i + tj$$

b)- Para obtener la expresión de la posición integramos directamente la expresión de la velocidad;

$$v = \frac{dr}{dt}$$

$$\int_0^t dr = \int_0^t v\,dt = \int_0^t \left(\left(\frac{t^3}{3} - 2\right)i + tj\right)dt$$

$$r_t - r_0 = r_t - (2i + 1j) = \left(\frac{t^4}{12} - 2t\right)i + \frac{t^2}{2}j$$

$$r_t = \left(\frac{t^4}{12} - 2t + 2\right)i + \left(\frac{t^2}{2} + 1\right)j$$

c)- Momento lineal de la partícula.

$$p = mv$$

$$p = m\left(\left(\frac{t^3}{3} - 2\right)i + tj\right)$$

Para t = 1 s.

$$p = m\left(\left(\frac{1^3}{3} - 2\right)i + 1j\right) = 5\left(-\frac{5}{3}i + 1j\right)$$

$$p = \left(-\frac{25}{3}i + 5j\right) \, kgm/s$$

d)- Momento cinético de la partícula.

La definición de momento cinético se pone a continuación;

$$L = r \times p = \begin{vmatrix} i & j & k \\ x & y & z \\ mv_x & mv_y & mv_z \end{vmatrix}$$

$$r_{t=1} = \left(\frac{1^4}{12} - 2 + 2\right)i + \left(\frac{1^2}{2} + 1\right)j$$

$$r_{t=1} = \left(\frac{1}{12}i + \frac{3}{2}j\right)m.$$

$$p_{t=1} = \left(-\frac{25}{3}i + 5j\right) kgm/s$$

Hacemos el producto vectorial;

$$L = r \times p = \begin{vmatrix} i & j & k \\ \dfrac{1}{12} & \dfrac{3}{2} & 0 \\ -\dfrac{25}{3} & 5 & 0 \end{vmatrix} =$$

$$= \frac{5}{12}k + \frac{25}{2}k = \frac{155}{12}k \left(\frac{kgm^2}{s}\right)$$

PROBLEMA 3.10. Se dispara con un cañón una bala de 1 kg. contra un bloque de madera de 100 kg. En el estado inicial el bloque se encuentra totalmente en reposo y sobre una superficie horizontal. Una vez disparada la bala, esta se incrusta en el bloque. Por la acción de este impacto el bloque se pone en movimiento y debido al rozamiento se detiene después de recorrer 10 m.

Calcúlese:

a)- Aceleración media hasta que se detiene.

b)- Velocidad con que se inicia el movimiento.

c)- Velocidad con que impacta la bala.

Nota 1: Todas las unidades son en el S.I.

Nota 2: Tomar g = 10 m/s² y sentido hacia abajo.

Nota 3: Coeficiente de rozamiento µ = 0,40.

Solución.

a)- Al instante siguiente del impacto, ya no existe ninguna fuerza que produzca movimiento, por lo que la única fuerza actuante es la del rozamiento.

$$\sum F = F_m - F_r = ma$$

$$0 - \mu(M + m)g = (M + m)a$$

Con *M* y *m* hacemos la referencia a la masa del bloque y a la masa de la bala.

Simplificando la ecuación anterior:

$$-\mu g = a$$

$$a = -4 \, m/s^2$$

b)- Ahora conocemos la aceleración y podemos, con ayuda de las ecuaciones de la cinética, conocer con qué velocidad inicia el movimiento.

$$x = x_0 + v_0 t + \frac{1}{2} a t^2$$

$$v = v_0 + at$$

Tenemos dos ecuaciones con dos incógnitas. Despejamos de la segunda ecuación el tiempo;

$$t = \frac{v - v_0}{a}$$

Sustituyendo en la primera ecuación;

$$x = x_0 + v_0 \left(\frac{v - v_0}{a}\right) + \frac{1}{2} a \left(\frac{v - v_0}{a}\right)^2$$

$$x = v_0 \left(\frac{v - v_0}{a}\right) + \frac{1}{2} a \frac{(v - v_0)^2}{a^2}$$

Reordenando y simplificando la expresión anterior, se obtiene;

$$2ax = v^2 - v_0^2$$

Despejando la velocidad inicial de la ecuación anterior obtenemos;

$$v_0 = \sqrt{v^2 - 2ax}$$

Sustituyendo los valores en la ecuación anterior;

$$v_0 = \sqrt{0^2 - 2(-4)10}$$

$$v_0 = 4\sqrt{5}\ m/s$$

$$v_0 = 8{,}94\ m/s$$

c)- Para calcular la velocidad con que impacta la bala aplicaremos el principio de conservación de cantidad de movimiento.

Durante el breve período de tiempo en el que transcurre el impacto, se puede considerar que las únicas fuerzas que actúan son la interacción mutua de la bala y el bloque, por lo que se puede considerar que en ese brevísimo instante de tiempo es nulo el sumatorio de las fuerzas y por lo tanto es de aplicación el citado principio.

$$\sum F = 0$$

$$P_{bala} + P_{bloque} = P_{bala-bloque}$$

$$mv_{bala} + Mv_{bloque} = (M+m)v_0$$

Sustituimos los valores obtenidos y los que son dato del problema.

$$1 \cdot v_{bala} + 100 \cdot 0 = (101) \cdot 8{,}94$$

$$v_{bala} = (101) \cdot 8{,}94 = 902 \; m/s$$

CAPÍTULO 4.

DINÁMICA DE UN SISTEMA DE PARTÍCULAS.

Un sistema de partículas es un conjunto de partículas de tal manera que el movimiento y posición de una partícula depende de la posición y movimiento de las demás partículas.

DEFINICIONES

Centro de Masas (CM): El centro de masas es un punto, tal que, si toda la masa del cuerpo estuviese concentrada en él, el cuerpo se comportaría como una partícula.

Así pues, en ciertos casos, se podrá reducir el estudio de un sólido rígido, al estudio dinámico y cinemático de su centro de masas.

Propiedades del centro de masas.

1. Permite reducir un sistema de partículas a una sola.

2. El CM. se mueve como un punto material cuya masa es la masa total del sistema de partículas.

3. Todas las fuerzas exteriores se suponen aplicadas a su CM.

4. La cantidad de movimiento de un sistema de partículas es igual al producto de la masa total del sistema por la velocidad del CM.

5. Si la fuerza exterior resultante y el momento exterior resultante son nulos, el CM se mueve con movimiento rectilíneo y uniforme o permanece en reposo.

6. Cualquier movimiento de un sistema de partículas puede ser reducido a la suma de un movimiento de translación de su CM mas un movimiento de rotación alrededor de su CM.

CÁLCULO DEL CENTRO DE MASAS.

El cálculo del centro de masas consiste en posicionar en el espacio las coordenadas de su CM, es decir, dar su vector de posición o sus coordenadas (x,y,z).

Se distinguen tres casos diferenciados;

- Coordenadas de un sistema discontinuo.

$$X_c = \frac{\sum (m_i x_i)}{M} = 0$$

$$Y_c = \frac{\sum (m_i y_i)}{M} = 0$$

$$Z_c = \frac{\sum (m_i z_i)}{M} = 0$$

- Coordenadas de un sistema continuo y regular.

En el caso de un sistema continuo y regular el CM. coincide con su centro de geometría. En figuras regulares se obtiene las coordenadas del CM. como el punto donde se cortan dos de sus ejes de geometría.

- Coordenadas de un sistema continuo e irregular.

En el caso de un sistema continuo e irregular descompondremos el cuerpo en partes que sean homogéneas o similares y calculamos sus CMs. Correspondientes. Una vez obtenidos estos, procedemos como si de un sistema discreto se tratase.

SEGUNDA LEY DE NEWTON PARA UN SISTEMA DE PARTÍCULAS.

El movimiento de un sistema de partículas es igual al movimiento de su CM. suponiendo que toda la masa está concentrada en dicho punto y que todas las fuerzas exteriores también están aplicadas a ese mismo punto.

$$\sum F_e = \frac{dP}{dt}$$

O de manera equivalente a la anterior;

$$\sum F_e = \frac{d(MV_c)}{dt} = Ma_c$$

PRINCIPIO DE CONSERVACIÓN DE CANTIDAD DE MOVIMIENTO.

Si un sistema de partículas está aislado, la cantidad de movimiento de este sistema permanecerá constante. Es decir;

$$\sum F_e = \frac{dP}{dt} = 0$$

Del principio de conservación de cantidad de movimiento se deduce que;

1. La cantidad de movimiento de un sistema de partículas sólo puede variar por la acción de fuerzas exteriores al sistema.

2. Si el sistema está aislado, la cantidad de movimiento de sus partículas puede variar, pero la cantidad de movimiento del sistema permanece constante.

3. En ausencia de fuerzas exteriores al sistema, la velocidad del CM permanecerá constante en el tiempo.

DINÁMICA DE UN SISTEMA DE PARTÍCULAS.

PROBLEMA 4.1. Tres partículas de 1, 2 y 3 kg respectivamente, se encuentran situadas en los puntos (-5,5), (5,10) y (5,-10).

Calcúlese:

La posición del centro de gravedad de este sistema de partículas.

Solución.

Aplicamos la ecuación para obtener las coordenadas del centro de gravedad.

$$X_c = \frac{m_1 x_1 + m_2 x_2 + m_3 x_3}{\sum_{1}^{3} m_i}$$

$$X_c = \frac{-5 + 10 + 15}{6} = 3,33 \; m.$$

$$Y_c = \frac{m_1 y_1 + m_2 y_2 + m_3 y_3}{\sum_{1}^{3} m_i}$$

$$Y_c = \frac{5 + 20 - 30}{6} = -\frac{5}{6} m.$$

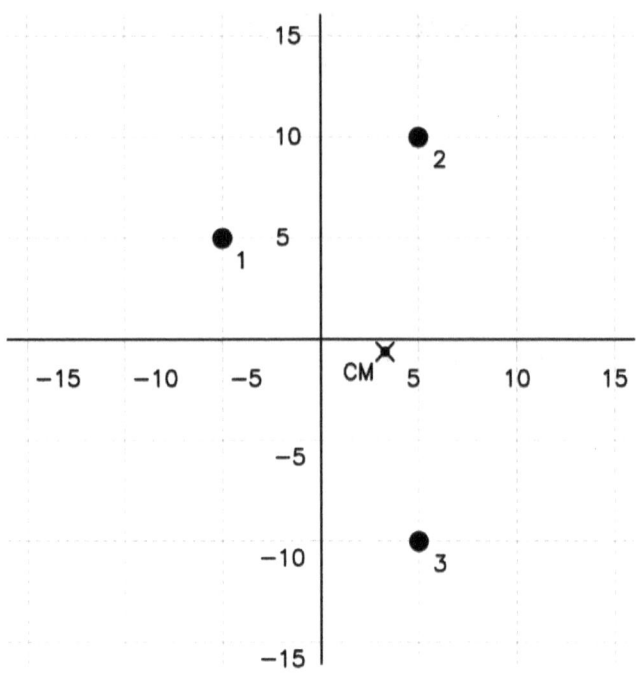

PROBLEMA 4.2. Dos planchas de acero, de espesor uniforme y de igual densidad, están soldadas según se puede ver en la figura.

Calcúlese:

La posición del centro de gravedad de las planchas.

Solución.

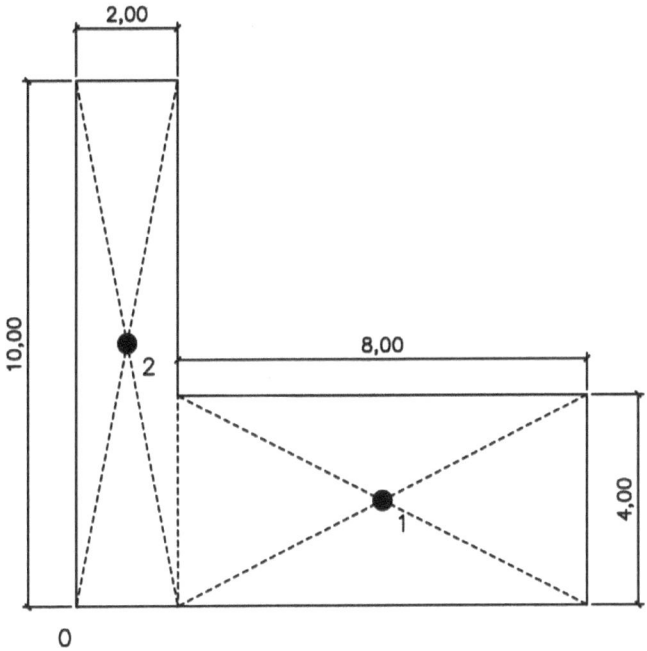

Como las planchas de acero son uniformes podemos hallar los centros de masas de cada una de las planchas de manera gráfica, sin mas que trazar las diagonales de cada uno de los rectángulos.

Se obtienen así los puntos 1 y 2.

$CM\ 1 = (6,2)$

$CM\ 2 = (1,5)$

Suponemos una densidad superficial de ρ igual para las dos planchas, pues son iguales;

$m_1 = 32\rho$

$m_2 = 20\rho$

$$X_c = \frac{m_1 x_1 + m_2 x_2}{\sum_{1}^{2} m_i}$$

$$X_c = \frac{32\rho \cdot 6 + 20\rho \cdot 1}{52\rho} = 4{,}08\ m.$$

$$Y_c = \frac{m_1 y_1 + m_2 y_2}{\sum_{1}^{2} m_i}$$

$$Y_c = \frac{32\rho \cdot 2 + 20\rho \cdot 5}{52\rho} = 3{,}15\ m.$$

La posición del centro de masas es;

$CM = (4{,}08\ ,\ 3{,}15)$

PROBLEMA 4.3. Dos bloques, de masas 1kg y 2kg, se deslizan sobre una superficie horizontal, con la misma dirección y sentidos opuestos. No hay rozamiento entre los bloques y la superficie. Las velocidades de cada uno son 2 m/s y 4 m/s respectivamente. Cuando impactan permanecen unidos y se mueven conjuntamente.

Calcúlese:

La velocidad con que se mueven después de la colisión.

Solución.

Hay que notar que no hay fuerzas externas que deban de ser consideradas en este problema por lo que es de aplicación el principio de conservación de la cantidad de movimiento.

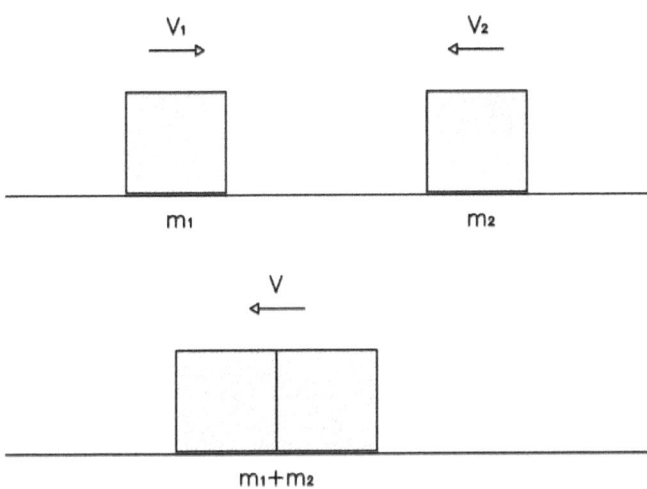

La cantidad de movimiento debe conservarse, por lo que debe ser igual antes y después del choque, por lo que;

$$m_1 v_1 + m_2 v_2 = (m_1 + m_2) v$$

Despajamos la velocidad que desconocemos;

$$v = \frac{m_1 v_1 + m_2 v_2}{m_1 + m_2}$$

$$v = \frac{1 \cdot 2 + 2 \cdot (-4)}{1 + 2} = \frac{-6}{3} = -2 \ m/s.$$

PROBLEMA 4.4. Un cañón de 500 kg. dispara horizontalmente un proyectil de 1 kg. Si inicialmente el cañón y el rpoyectil están en reposo, y una vez disparado, el proyectil tiene una velocidad inicial de 250 m/s.

Calcúlese:

La velocidad con que se mueve el cañón después del disparo.

Solución.

La cantidad de movimiento debe conservarse, por lo que podemos aplicar el principio de conservación de la cantidad de movimiento.

$$m_{b1}v_{b1} + m_{c1}v_{c1} = m_{b2}v_{b2} + m_{c2}v_{c2}$$

Sustituyendo en la ecuación anterior.

$$0 + 0 = 1 \cdot 200 + 500 \cdot v_{c2}$$

Despajamos la velocidad que desconocemos;

$$v_{c2} = \frac{-200}{500} = -0{,}40 \ m/s$$

El cañon se mueve en sentido opuesto al del proyectil.

PROBLEMA 4.5. Con un cañón se dispara un proyectil con una velocidad de 100 m/s y un ángulo de 30°. Una vez el proyectil ha llegado a su punto más alto explota en dos fragmentos iguales, de tal manera que uno de los fragmentos cae en dirección vertical y hacia abajo.

Calcúlese:

Las distancias a las que caen cada uno de los fragmentos.

Nota 1: Tomar $g = -10$ m/s².

Nota 2:.

$$\operatorname{Sin} 30º = \frac{1}{2}; \quad \operatorname{Cos} 30º = \frac{\sqrt{3}}{2}$$

Solución.

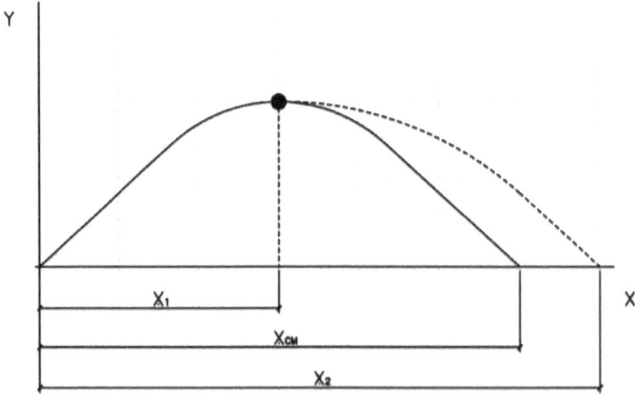

En el caso de este problema, no se hace referencia a ninguna fuerza de rozamiento, por lo que podemos aplicar el principio de conservación de cantidad de movimiento, de tal manera, que el Centro de Masas se localiza exactamente en el mismo punto que si no se hubiese producido la explosión.

Con ayuda de las ecuaciones de la cinética, calculamos todos los valores de distancia que nos resulten de interés.

$$y_t = y_0 + v_0 t + \frac{1}{2} a t^2$$

El CM. del proyectil cae al suelo cuando y = 0.

$$0 = 0 + 100 \cdot \sin 30 \cdot t + \frac{1}{2} \cdot (-10) \cdot t^2$$

$$t = \frac{100 \cdot \frac{1}{2}}{\frac{1}{2} \cdot 10} = 10 \ s.$$

El proyectil estaría 10 s. en el aire.

La máxima distancia que se alcanza se obtiene;

$$x_{CM} = x_0 + v_0 t$$

$$x_{CM} = 0 + 100 \cdot \cos \frac{\sqrt{3}}{2} \cdot 10$$

$$x_{CM} = 866{,}02\ m.$$

Uno de los fragmentos cae verticalmente en el punto mas alto de la trayectoria, como ya hemos visto en problemas anteriores, este punto se encuentra a la mitad de la distancia del alcance máximo.

$$x_1 = \frac{866{,}02\ m.}{2} = 433{,}01\ m.$$

Calculamos la posición del otro fragmento con ayuda de la ecuación para determinar las coordenadas del centro de masas.

$$x_{CM} 2m = m_1 x_1 + m_2 x_2$$

Hay que tener en cuenta que $m_1 = m_2 = m/2$.

$$x_2 = \frac{2m x_{CM} - m x_1}{m}$$

$$x_2 = 2 \cdot 866{,}02 - 433{,}01 = 1.299{,}11\ m.$$

PROBLEMA 4.6. Sobre una superficie horizontal se desplazan dos cuerpos de 10 kg. y 15 kg. Sobre la masa de 10 kg. actúa una fuerza de 100 N. Ambas masas están unidas por una cuerda de masa despreciable. El coeficiente de rozamiento cuerpo superficie horizontal es de 0,40 para ambos cuerpos.

Calcúlese:

a)- Aceleración del sistema.

b)- Tensión de la cuerda.

c)- Cantidad de movimiento del sistema un segundo después de iniciado el movimiento.

Nota 1: $g = 10$ m/s².

Solución.

Realizamos un pequeño dibujo que nos permita ver con claridad, qué es lo que sucede.

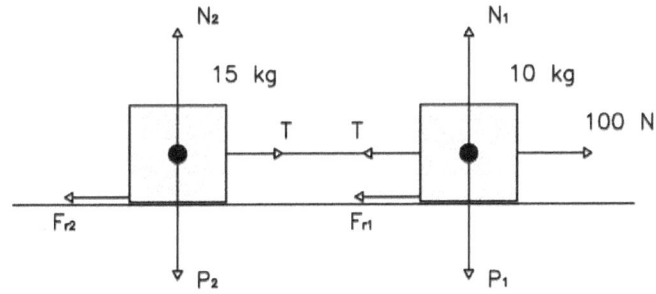

a)- Planteamos las ecuaciones de la dinámica de cada uno de los cuerpos.

Para el primero de los cuerpos.

$$\sum F = F_m - F_{r1} - T = m_1 a$$

Para el segundo de los cuerpos.

$$\sum F = T - F_{r2} = m_2 a$$

Si sumamos ambas ecuaciones eliminamos la incógnita T.

$$\sum F = F_m - F_{r1} - F_{r2} = (m_1 + m_2)a$$

Despejamos la aceleración de la ecuación anterior.

$$a = \frac{F_m - F_{r1} - F_{r2}}{(m_1 + m_2)}$$

Sustituimos los valores que son conocidos.

$$a = \frac{100 - \mu m_1 g - \mu m_2 g}{(m_1 + m_2)} = \frac{100 - \mu g (m_1 + m_2)}{(m_1 + m_2)}$$

$$a = \frac{100 - 0{,}40 \cdot 10 \cdot 25}{25} = 0$$

El resultado nos indica que con la aplicación de la fuerza de 100 N no conseguimos producir una aceleración de los dos cuerpos, por lo que permanecerán en reposo.

b)- Sustituimos los valores obtenidos en una de las ecuaciones donde se incluyen a la tensión.

$$\sum F = F_m - F_{r1} - T = m_1 a$$

$$100 - \mu m_1 g - T = 10 \cdot 0$$

$$100 - 0{,}40 \cdot 10 \cdot 10 - T = 0$$

$$T = 60\ N$$

c)- La cantidad de movimiento del sistema es cero, pues el sistema permanece en reposo.

CAPÍTULO 5.

CONCEPTOS DE POTENCIA, TRABAJO Y ENERGÍA

Los conceptos de trabajo, potencia y energía, son muy útiles y ampliamente utilizados en la vida cotidiana, por cuanto hacen referencia a la capacidad de las máquinas y dispositivos en relación a su consumo o a sus prestaciones.

DEFINICIONES

Trabajo: El trabajo es el efecto que produce una fuerza al desplazar un cuerpo de un punto a otro venciendo las resistencias que se oponen al movimiento.

Matemáticamente se define como, el producto escalar de la fuerza aplicada por el desplazamiento que experimenta el cuerpo.

$$W = F \cdot \Delta r = F \cdot \Delta r \cdot \cos \alpha$$

En unidades del S.I. se expresa en Julios (J) o kilojulios (kJ).

Potencia: Se define potencia como el trabajo realizado en la unidad de tiempo. La potencia se calcula dividiendo el trabajo realizado entre el tiempo que se tarda en realizarlo.

$$P = \frac{W}{\Delta t} = \frac{F \cdot \Delta r}{\Delta t} = F \cdot V_m$$

En unidades del S.I. se expresa en vatios (W=J/s) o kilovatios (kW = kJ/s).

Energía: Se define la energía como la capacidad que tiene un cuerpo, partícula o sistema, de realizar un trabajo.

Algunos tipos de energía específico son;

Energía cinética: Se define la energía cinética como la capacidad que tiene un cuerpo, partícula o sistema, de realizar un trabajo en función de su estado de movimiento.

$$E_c = \frac{1}{2}mv^2$$

Energía potencial: Se define la energía potencial como la capacidad que tiene un cuerpo, partícula o sistema de realizar un trabajo en función de su posición en un campo conservatico (p.e. en un campo gravitatorio terrestre).

$$E_p = mgh$$

Energía mecánica: Se define la energía mecánica como la suma de las energías potencial y cinética.

$$E_m = E_c + E_p = mgh + \frac{1}{2}mv^2$$

PRINCIPIO DE CONSERVACIÓN DE LA ENERGÍA MECÁNICA.

En un campo conservativo (como p.e. el campo gravitatorio terrestre), la energía mecánica permanece constante.

Otra forma de enunciarse este principio es; si sobre un cuerpo solamente actúan fuerzas conservativas, la energía mecánica del cuerpo, partícula o sistema permanece constante.

$$\Delta E_m = 0$$

CONCEPTOS DE POTENCIA, TRABAJO Y ENERGÍA

PROBLEMA 5.1. Calcular el trabajo necesario para alargar un muelle 30 cm. si su constante recuperadora vale k = 150 N/m.

Solución.

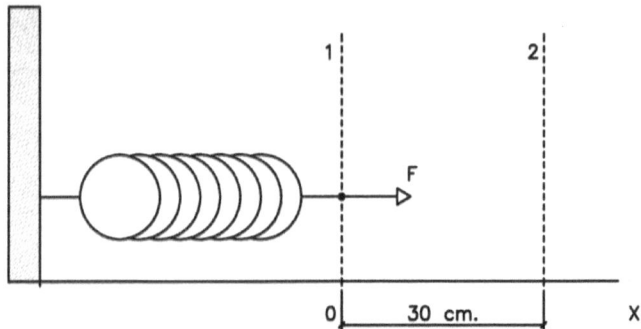

El trabajo es el producto de la fuerza por el desplazamiento. En este caso la fuerza es función de la posición o del desplazamiento, por lo tanto deberemos de sumar todos los pequeños intervalos en que idealmente se divide el recorrido. Es decir, integraremos la expresión obtenida.

$$dW = F dx$$

$$W = \int_0^x F dx$$

Hacemos la integral definida.

$$W = \int_0^{0,30} 150 \cdot x\, dx$$

$$W = \left[\frac{150}{2}x^2\right]_0^{0,30} = 75 \cdot 0,09 = 6,75\, J$$

PROBLEMA 5.2. Un cuerpo se mueve según la trayectoria dada por la curva y=2x² bajo la acción de una fuerza F = x**i**+2y**j**.

Calcúlese el trabajo realizado por la fuerza cuando el cuerpo pasa de la posición inicial A(0,0) a la posición final B(5,5)

Solución.

Como conocemos la ecuación de la trayectoria podemos calcular el trabajo integrando la fuerza respecto de una de las dos variables.

Si diferenciamos la ecuación de la trayectoria obtenemos.

$$dy = 4xdx$$

Sustituimos la expresión de la trayectoria en la ecuación de la fuerza.

$$F = xi + 2(2x^2)j$$

Para calcular el trabajo hacemos la integración respecto de la variable independiente x.

$$W = \int_a^b (xdx + 2ydy)$$

$$W = \int_a^b \left(xdx + 2(2x^2)(4xdx)\right)$$

Introducimos los límites de nuestra integración que es este caso al realizar sobre la variable x, estos son "0" y "5".

$$W = \int_{0}^{5} (16x^3 + x)dx$$

$$W = \left[4x^4 + \frac{x^2}{2}\right]_0^5 = 2512{,}5 \, J$$

PROBLEMA 5.3. Calcúlese el trabajo realizado por una fuerza F = x**i** − 2y**j** + 3z²**k** cuando el cuerpo sobre el que actúa se traslada desde el punto A(0,0,0) hasta el punto B(2,-1,10).

Solución.

$$W = \int_A^B F\,dr$$

$$W = \int_A^B (x\,dx - 2y\,dy + 3z^2\,dz)$$

Nota: La integral de una suma es igual a la suma de las integrales.

$$W = \int_0^2 x\,dx - \int_0^{-1} 2y\,dy + \int_0^{10} 3z^2\,dz$$

$$W = \left[\frac{x^2}{2}\right]_0^2 - [y^2]_0^{-1} + [z^3]_0^{10}$$

$$W = \frac{2^2}{2} - 1 + 10^3 = 1.001\,J$$

PROBLEMA 5.4. Sobre un cuerpo de 10 kg. se aplica una fuerza de **F** = 5t N.

Calcúlese.

a)- Obtener la expresión del trabajo en función del tiempo.

b)- Obtener la expresión de la Potencia en función del tiempo.

c)- Calcular el trabajo realizado hasta el instante t = 8 s y la potencia en ese mismo instante.

Solución.

a)- Calculamos la expresión del trabajo en función del tiempo.

Utilizamos la expresión ya conocida.

$$W = \int F dr$$

Por otra parte, tenemos que;

$$v = \frac{dr}{dt}$$

Despejando el diferencial de **r** (*dr*);

$$dr = v dt$$

Sustituimos en la ecuación del trabajo;

$$W = \int F \cdot v\, dt$$

Como no conocemos la velocidad la obtenemos a partir de la integración de la aceleración respecto del tiempo.

$$F = ma$$

$$a = \frac{F}{m} = \frac{5t}{10}$$

$$v = \int a\, dt = \int \frac{t}{2} dt = \frac{t^2}{4}$$

Introducimos la velocidad en función del tiempo en la expresión del trabajo;

$$W = \int F \cdot v\, dt = \int 5t \cdot \frac{t^2}{4} dt$$

$$W = \int 5 \cdot \frac{t^3}{4} dt = \frac{5t^4}{16}$$

Obtenemos así la expresión del trabajo en función del tiempo.

b)- Calculamos la expresión de la potencia en función del tiempo.

$$P = F \cdot v$$

$$P = 5t \cdot \frac{t^2}{4} = \frac{5}{4}t^3$$

c)- Calcular el trabajo realizado hasta el instante t = 8 s y la potencia en ese mismo instante.

Trabajo hasta t = 8 s.

$$W = \left[\frac{5t^4}{16}\right]_0^8 = 1.280\ J$$

La potencia en el instante en t = 8s..

$$P = \frac{5}{4} \cdot 8^3 = 640\ W$$

PROBLEMA 5.5. Un ascensor de personal dispone de un motor de 20 CV. En un trayecto determinado suben en él cuatro personas de 80 kg. El ascensor viaja desde la planta baja (0 m.) hasta la planta alta 20º (50 m.) en 30s.

Calcúlese.

a)- Trabajo realizado.

b)- Potencia útil desarrollada por el motor.

c)- Rendimiento del motor.

Solución.

a)- Trabajo realizado.

$$W = F \cdot r = (mg) \cdot (h)$$

En este problema conocemos todo, la fuerza, que es el peso de las cuatro personas que transporta y el desplazamiento, que en este caso en la altura que sube el ascensor.

$$W = (4 \cdot 80 \cdot 10) \cdot (50) = 160.000 \, J$$

$$W = 160.000 \, kJ$$

b)- Potencia útil desarrollada.

$$P_u = \frac{W}{t} = \frac{160.000}{30} = 5.333{,}33 \, W$$

c)- Rendimiento del motor.

$$\eta = \frac{5.333{,}33\ (W)}{20\ (CV) \cdot 735{,}5\ (\frac{W}{CV})} = 0{,}36$$

El rendimiento del motor en este caso es del 36 %, por lo que este motor puede cumplir con sus expectativas de manera olgada.

PROBLEMA 5.6. Un camión de 10.000 kg se circula impulsado por un motor de 500 CV de potencia. En un instante dado se mueve a 90 km/h (25 m/s) y permanece a velocidad constante. En ese instante el motor está funcionando con un rendimiento de 60 %.

Calcúlese.

a)- La fuerza de rozamiento que se opone al movimiento.

b)- Si sube una pendiente del 8 % a 90 km/h, calcular la potencia desarrollada por el motor. La fuerza de rozamiento es igual a la obtenida en el apartado anterior. ¿consigue subir la pendiente?

c)- Velocidad a la que consigue subir la pendiente.

Nota 1: Tomar g = 10 m/s² y sentido hacia abajo.

Solución.

a)- Como se mueve a velocidad constante, la aceleración es de cero. Utilizando las ecuaciones de la dinámica. Podemos calcular la fuerza de rozamiento.

$$\sum F = F_m - F_r = 0$$

La fuerza motriz es la fuerza que desarrolla el motor. Como se ha dicho el motor funciona a un 60 % de su máxima potencia disponible.

$$P = F \cdot v$$

$$F = \frac{P}{v}$$

En el instante considerado el motor funciona al 60 % de su capacidad por lo que la potencia en ese momento es;

$$P = 500 \cdot 0{,}60 = 300 \ CV$$

$$P = 300 \ CV \cdot 735{,}5 \left(\frac{W}{CV}\right) = 220.650 \ W$$

Dividimos la potencia por la velocidad a la que se desplaza el camión;

$$F = \frac{220.650}{25} = 8.826 \ N$$

b)- Cuando sube una pendiente del 8 % además del rozamiento tiene que vencer parte del peso que tiene que desplazar para subir por la rampa.

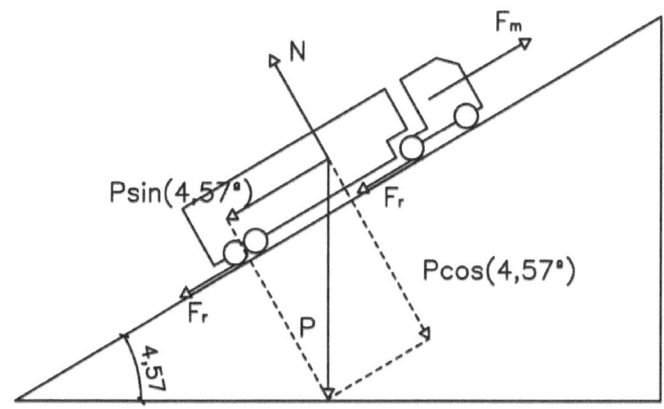

Como no se ha indicado nada al respecto, seguimos suponiendo que el camión se mueve a velocidad constante.

$$\sum F = F_m - F_r - P\sin(4{,}57º) = 0$$

$$\sum F = F_m - 8.826 - P\sin(4{,}57º) = 0$$

$$F_m - 8.826 - 10.000 \cdot 10 \cdot 0{,}08 = 0$$

$$F_m = 16.826 \, N$$

$$P = F_m \cdot v = 16.826 \, (N) \cdot 25 \left(\frac{m}{s}\right) = 420.650 \, W$$

$$P = 420.650 \, W = 571{,}92 \, CV$$

Como se puede ver la potencia que necesita el camión para subir la pendiente es superior a la potencia del motor, por lo tanto, ¿qué es lo que ocurre?

Ocurre lo siguiente, el camión empieza a disminuir la velocidad hasta que la velocidad de desplazamiento sea tal que su producto por la fuerza de empuje sea, como máximo, la potencia máxima del motor.

c)- La velocidad máxima con que podría subir la pendiente es;

$$v = \frac{500(CV) \cdot 735{,}5\left(\frac{W}{CV}\right)}{18.826\ (N)} = 19{,}53\ m/s$$

PROBLEMA 5.7. Dos masas de 2 y 4 kg se desplazan en la misma dirección y en sentido tal que colisionará. La velocidad de cada uno es de 2 m/s y 6 m/s. Si consideramos que el choque es perfectamente elástico.

Calcúlese.

a)- Energía cinética y cantidad de movimiento de las masas antes del impacto.

b)- Velocidad con que se mueven después del impacto.

Nota 1: Tomar g = 10 m/s² y sentido hacia abajo.

Nota 2: Suponemos positivo el movimiento hacia la derecha y negativo hacia la izquierda.

Solución.

a)- Energía cinética antes del impacto.

$$E_{a1} = \frac{1}{2}m_a v_{a1}^2 = 0{,}5 \cdot 2 \cdot 2^2 = 4\,J$$

$$E_{b1} = \frac{1}{2}m_b v_{b1}^2 = 0{,}5 \cdot 4 \cdot 6^2 = 72\,J$$

Cantidad de movimiento antes del impacto.

$$p_{a1} = m_a v_{a1} = 2 \cdot 2 = 4\,kgm/s$$

$$p_{b1} = m_b v_{b1} = 4 \cdot 6 = 24\,kgm/s$$

b)- Para calcular la velocidad con que se mueve después del impacto planteamos las ecuaciones de conservación de la energía y la conservación de la cantidad de movimiento.

Conservación de la energía. En este caso la única energía que se ha puesto en juego es la energía cinética.

$$E_{a1} + E_{b1} = E_{a2} + E_{b2}$$

Conservación de la cantidad de movimiento.

$$p_{a1} + p_{b1} = p_{a2} + p_{b2}$$

Son incógnita las dos velocidades de los cuerpos, pero disponemos de dos ecuaciones para resolverlas.

$$\frac{1}{2}m_a v_{a1}^2 + \frac{1}{2}m_b v_{b1}^2 = \frac{1}{2}m_a v_{a2}^2 + \frac{1}{2}m_b v_{b2}^2$$

$$m_a v_{a1} + m_b v_{b1} = m_a v_{a2} + m_b v_{b2}$$

Reordenamos las ecuaciones anteriores.

$$m_a(v_{a1}^2 - v_{a2}^2) = m_b(v_{b2}^2 - v_{b1}^2)$$

$$m_a(v_{a1} - v_{a2}) = m_b(v_{b2} - v_{b1})$$

Si dividimos miembro a miembro las ecuaciones anteriores;

$$\frac{m_a(v_{a1}^2 - v_{a2}^2)}{m_a(v_{a1} - v_{a2})} = \frac{m_b(v_{b2}^2 - v_{b1}^2)}{m_b(v_{b2} - v_{b1})}$$

Si recordamos ahora que "suma por diferencia es igual a diferencia de cuadrados" nos queda;

$$\frac{m_a(v_{a1} - v_{a2})(v_{a1} + v_{a2})}{m_a(v_{a1} - v_{a2})} =$$

$$= \frac{m_b(v_{b2} - v_{b1})(v_{b2} + v_{b1})}{m_b(v_{b2} - v_{b1})}$$

Simplificando;

$$v_{a1} + v_{a2} = v_{b2} + v_{b1}$$

Con esta ecuación la ecuación de conservación de la cantidad de movimiento tenemos un sistema de ecuaciones mucho mas sencillo;

$$m_a v_{a1} + m_b v_{b1} = m_a v_{a2} + m_b v_{b2}$$

$$v_{a1} + v_{a2} = v_{b2} + v_{b1}$$

Despejamos una de las velocidades desconocidas y sustituimos en la otra ecuación.

$$v_{a2} = v_{b2} + v_{b1} - v_{a1}$$

$$m_a v_{a1} + m_b v_{b1} = m_a(v_{b2} + v_{b1} - v_{a1}) + m_b v_{b2}$$

Ordenando un poco la ecuación.

$$m_a v_{a1} + m_b v_{b1} = m_a(v_{b1} - v_{a1}) + (m_b + m_a)v_{b2}$$

$$m_a(2v_{a1} - v_{b1}) + m_b v_{b1} = (m_b + m_a)v_{b2}$$

Despejamos;

$$v_{b2} = \frac{m_a(2v_{a1} - v_{b1}) + m_b v_{b1}}{(m_b + m_a)}$$

Sustituyendo valores (hay que recordar que todas las unidades deben de estar en el S.I);

$$v_{b2} = \frac{2(2 \cdot 2 - (-6)) + 4(-6)}{(6)}$$

$$v_{b2} = \frac{20 - 24}{(6)} = -\frac{2}{3} m/s$$

Calculamos ahora la velocidad de la masa a;

$$v_{a2} = \left(-\frac{2}{3}\right) + (-6) - 2 = -\frac{26}{3} m/s$$

La interpretación que hacemos, es que, después del impacto, los dos cuerpos continúan moviéndose hacia la izquierda, con las velocidades obtenidas.

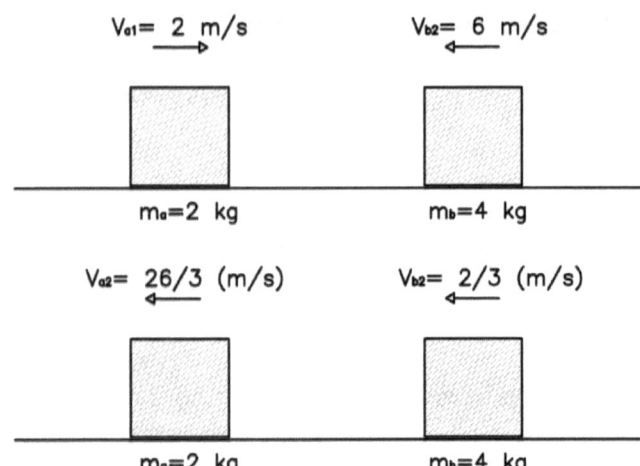

PROBLEMA 5.8. Un cuerpo de 2 kg se mueve con una velocidad de 1 m/s. Otro cuerpo se mueve en la misma dirección y sentido que el anterior con una masa de 4 kg y una velocidad de 2 m/s. Si ambos cuerpos colisionan y después de la colisión permanecen unidos (choque perfectamente inelástico).

Calcúlese.

a)- Velocidad con que se mueven después del impacto.

b)- Energía que se pierde en dicho impacto.

Nota 1: Tomar g = 10 m/s² y sentido hacia abajo.

Nota 2: Suponemos positivo el movimiento hacia la derecha y negativo hacia la izquierda.

Solución.

Como el choque es perfectamente inelástico se conserva la cantidad de movimiento pero no se conserva la energía cinética del sistema.

a)- Se trata de un choque perfectamente inelástico, por lo que la ecuación de conservación de la cantidad de movimiento queda como;

$$m_a v_{a1} + m_b v_{b1} = (m_a + m_b)v_2$$

Como conocemos todas las variables menos una, podemos despejar directamente.

$$v_2 = \frac{m_a v_{a1} + m_b v_{b1}}{(m_a + m_b)}$$

$$v_2 = \frac{2 \cdot 1 + 4 \cdot 2}{(2 + 4)} = \frac{10}{6} = \frac{5}{3} m/s$$

b)- Como no se conserva la energía cinética podemos calcular la pérdida de energía cinética como la diferencia entre la energía antes del impacto y después del impacto.

Energía cinética antes del impacto.

$$E_1 = \frac{1}{2} m_a v_{a1}^2 + \frac{1}{2} m_b v_{b1}^2$$

$$E_1 = \frac{1}{2} \cdot 2 \cdot 1^2 + \frac{1}{2} \cdot 4 \cdot 2^2 = 1 + 8 = 9 J$$

Energía cinética después del impacto.

$$E_2 = \frac{1}{2}(m_a + m_b) v_2^2$$

$$E_2 = \frac{1}{2}(2 + 4)\left(\frac{5}{3}\right)^2 = 8{,}33 J$$

La pérdida de energía cinética es por lo tanto de;

$$\Delta E = E_1 - E_2$$

$$\Delta E = 9 - 8{,}33 = 0{,}67 J$$

PROBLEMA 5.9. En lo alto de una colina se encuentra una roca de 750 kg de peso. En un momento dado la roca comienza a deslizar cuesta abajo por una pendiente de 30°. Si sabemos que la diferencia de cota es de 100 m desde la cima de la colina hasta la parte baja.

Calcúlese.

a)- Velocidad con que llega abajo.

b)- Velocidad con que llega abajo si tenemos en cuenta un coeficiente de rozamiento de 0,20.

Nota 1: Tomar $g = 10$ m/s² y sentido hacia abajo.

Solución.

Este problema es susceptible de ser resuelto por aplicando las leyes de Newton, no obstante se utilizará el principio de conservación de la energía para su resolución.

a)- Velocidad con que llega abajo.

$$E_{c1} + E_{p1} = E_{c2} + E_{p2}$$

Cuando la roca se encuentra en la parte superior su velocidad es cero y cuando la roca llega a la parte inferior su energía potencial es cero, así por tanto tenemos que;

$$\frac{1}{2}mv_1^2 + mgh_1 = \frac{1}{2}mv_2^2 + mgh_2$$

Sustituyendo valores en la ecuación;

$$0 + m \cdot g \cdot h = \frac{1}{2}mv_2^2 + 0$$

Despejamos la velocidad;

$$v_2 = \sqrt{2gh} = 44{,}72 \; m/s$$

b)- Velocidad con que llega abajo si tenemos un rozamiento de 0,20.

Ya no se conserva la energía desde el estado 1 al estado 2, ya que la fuerza de rozamiento realiza un trabajo que entra en juego en este problema.

$$-W = \Delta E_c + \Delta E_p$$

El trabajo de la fuerza de rozamiento es el producto de la fuerza de rozamiento por la distancia en donde esta actúa. Así tenemos que;

$$W = \mu mg \cos \alpha \left(\frac{h}{\sin \alpha}\right)$$

Siendo;

$$\left(\frac{h}{\sin \alpha}\right) = distancia \; recorrida$$

Planteamos la ecuación de la conservación;

$$-\mu mg \cos \alpha \left(\frac{h}{\sin \alpha}\right) = \frac{1}{2}mv_2^2 + mg(\Delta h)$$

$$-\mu mg\cos\alpha\left(\frac{h}{\sin\alpha}\right) = \frac{1}{2}mv_2^2 + mg(-h)$$

La variación de altura es negativa;

$$mg(h) - \mu mg\cos\alpha\left(\frac{h}{\sin\alpha}\right) = \frac{1}{2}mv_2^2$$

Despejamos la velocidad;

$$v_2 = \sqrt{2g(h) - 2\mu g\cos\alpha\left(\frac{h}{\sin\alpha}\right)}$$

$$v_2 = \sqrt{2\cdot 10\cdot 100 - 2\cdot 0{,}2\cdot 10\cdot \frac{\sqrt{3}}{2}\cdot\left(\frac{100}{\frac{1}{2}}\right)}$$

$$v_2 = \sqrt{2.000 - 400\sqrt{3}} = 36{,}16\ m/s$$

PROBLEMA 5.10. En el punto más alto de una montaña rusa se encuentra, en un momento dado, el coche con sus ocupantes, con una masa de 1200 kg y una velocidad de 5 m/s. Si el punto más alto de la montaña rusa es de 50 m. y el segundo punto más alto es de 30 m.

Calcúlese.

a)- Velocidad en el punto más bajo.

b)- Velocidad en el segundo punto más alto.

Nota 1: Tomar g = 10 m/s² y sentido hacia abajo.

Nota 2: Considérese que no hay rozamiento.

Solución.

Planteamos la ecuación de la conservación de la energía mecánica.

$$0 = \Delta E_c + \Delta E_p$$

O de otra forma;

$$E_{ma} = E_{mb}$$

$$\frac{1}{2}mv_1^2 + mgh_1 = \frac{1}{2}mv_2^2 + mgh_2$$

Como la masa permanece constante, la podemos eliminar de la ecuación.

$$\frac{1}{2}v_1^2 + gh_1 = \frac{1}{2}v_2^2 + gh_2$$

a)- Velocidad en el punto más bajo.

$$\frac{1}{2}5^2 + 10 \cdot 50 = \frac{1}{2}v_2^2 + 10 \cdot 0$$

$$v_2 = \sqrt{2\left(\frac{1}{2}5^2 + 10 \cdot 50\right)} = 32{,}01 \; m/s$$

b)- Velocidad en el segundo punto más alto.

$$\frac{1}{2}v_1^2 + gh_1 = \frac{1}{2}v_3^2 + gh_3$$

$$v_3 = \sqrt{2\left(\frac{1}{2}v_1^2 + g(h_1 - h_3)\right)}$$

$$v_3 = \sqrt{2\left(\frac{1}{2}5^2 + 10(50 - 30)\right)}$$

$$v_3 = 20{,}61 \; m/s$$

CAPÍTULO 6.

DINÁMICA DE ROTACIÓN

La rotación es un tipo de movimiento en el que todos los puntos de un cuerpo sólido describen circunferencias cuyo centro se encuentra en lo que se conoce como **eje de rotación**.

DEFINICIONES

Momento de una Fuerza: Se dice momento de una fuerza respecto de un punto, al producto vectorial del vector distancia por el vector fuerza.

Momento de Inercia: El momento de Inercia es una magnitud escalar y nos proporciona una idea de cómo está distribuida la masa del sólido o la partícula respecto del eje de rotación. El momento de Inercia ejerce un papel análogo al de la masa en un movimiento de translación.

Radio de Giro: Es la distancia al eje de giro a la que deberíamos de colocar toda la masa de un cuerpo, tal que su momento de Inercia sea el mismo que el del cuerpo en su estado normal.

TEOREMA DE STEINER.

El momento de inercia de un cuerpo respecto de un eje cualquiera, es igual a la suma del momento de inercia que pasa por el centro de masas (CM), mas el producto de su masa por el cuadrado de la distancia que separa a ambos ejes.

$$I = I_{cm} + md^2$$

Ecuaciones fundamentales de la dinámica de Rotación.

Momento de una Fuerza.

Momento de una Fuerza $\quad M = r \times F$

Ecuación Fundamental de la Dinámica de Rotación.

Ec. Fundamental $\quad \sum M = I\alpha$

Trabajo, Potencia y Energía.

Trabajo $\quad W = M \cdot \Delta\theta$

Potencia $\quad P = \dfrac{W}{\Delta t} = \dfrac{M \cdot \Delta\theta}{\Delta t}$

Energía $\quad E = \dfrac{1}{2}I\omega^2$

Momentos de Inercia.

Momento de Inercia de una partícula $\quad I = mr^2$

Momento de Inercia de un sistema de partículas $\quad I = \sum mr^2$

Momento de Inercia de un cuerpo sólido	$I = \int r^2 dm$
Momento de Inercia en función del Radio de Giro	$I = MR_g^2$

DINÁMICA DE ROTACIÓN.

PROBLEMA 6.1. Cuatro masas iguales de 1 kg están unidas mediante varillas de masa despreciable según se muestra en la figura.

Hallar los momentos de inercia del conjunto de las cuatro masas en los casos siguientes.

a)- Momento de inercia cuando gira respecto del eje A-A.

b)- Momento de inercia cuando gira respecto del eje B-B.

c)- Momento de inercia respecto del eje C-C.

Solución.

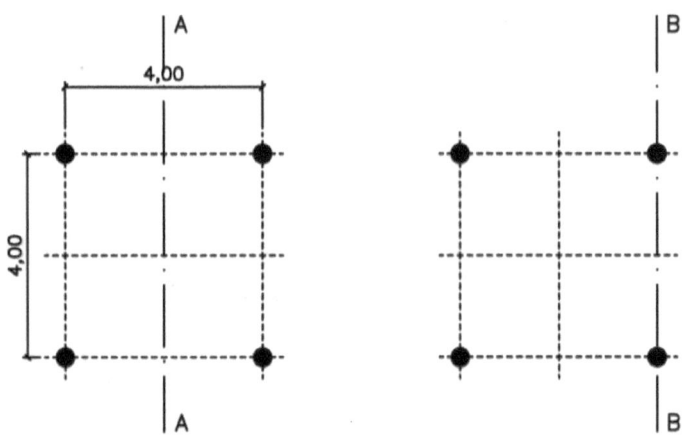

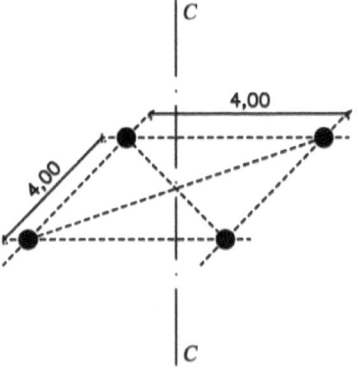

a)- Momento de inercia cuando gira respecto del eje A-A.

La definición del momento de inercia de la partícula.

$I = mr^2$

El momento de inercia de un sistema de partículas será la suma de los momentos de inercia de cada una de las partículas.

$$I = \sum_{1}^{4} m_i r_i^2$$

Como todas las masas son iguales y distan lo mismo del eje de rotación tenemos que,

$I = 4 \cdot 1 \cdot 2^2 = 16 \, kgm^2$

b)- Momento de inercia cuando gira respecto del eje B-B.

$I = 2 \cdot 1 \cdot 2^2 = 8 \, kgm^2$

c)- Momento de inercia respecto del eje C-C.

$I = 4(1 \cdot (2\sqrt{2})^2 = 32 \, kgm^2$

PROBLEMA 6.2. Una rueda de automóvil tiene una masa de 5 kg. y un momento de inercia de 10 kgm².

Calcúlese, el radio de giro de la rueda.

Solución.

Aplicamos la ecuación que nos relaciona el radio de giro con el momento de inercia;

$$I = \frac{1}{2}mR_g^2$$

Despejamos el radio de giro,

$$R = \sqrt{\frac{2 \cdot I}{m}} = \sqrt{\frac{2 \cdot 10}{5}} = 2\,m.$$

PROBLEMA 6.3. El momento de inercia de un cilindro respecto de su eje de simetría es de;

$$I = \frac{1}{2}mR_g^2$$

Calcúlese, el momento de inercia respecto de su generatriz.

Solución.

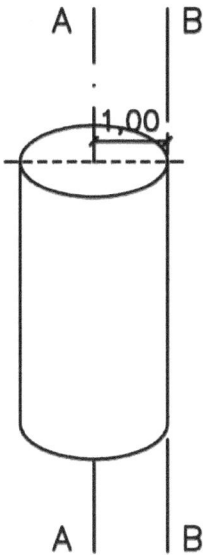

Aplicando el teorema de **Steiner** podemos calcular fácilmente el momento d inercia respecto del eje B-B (generatriz).

$$I = I_{A-A} + m\,d^2$$

$$I = \frac{1}{2} m R^2 + m R^2 = \frac{3}{2} m R^2$$

$$I = \frac{3}{2} m$$

PROBLEMA 6.4. Un volante de inercia de una máquina tiene una masa de 100 kg. y gira a 500 r.p.m. Calcular el la energía cinética almacenada en el volante si su radio de giro es de 0,60 m.

Solución.

La energía cinética de rotación es;

$$E_c = \frac{1}{2}I\omega^2$$

Expresamos la velocidad angular en unidades del S.I.

$$\omega = \frac{500\left(\frac{rev.}{min.}\right) \cdot 2\pi\left(\frac{rad.}{rev.}\right)}{60\left(\frac{s}{min.}\right)} = 52{,}36 \left(\frac{rad.}{s}\right)$$

Calculamos el momento de inercia.

$$I = mR_g^2 = 100 \cdot 0{,}60^2 = 36 \ kgm^2$$

Calculamos ahora la energía de rotación;

$$E_c = \frac{1}{2} \cdot 36 \cdot 52{,}36^2 = 49.348{,}25 \ J$$

PROBLEMA 6.5. Calcular el par mecánico (o momento) que entrega un motor de 160 CV a su eje, cuando este gira a 3600 r.p.m.

Solución.

$$\omega = \frac{3.600 \left(\frac{rev.}{min.}\right) \cdot 2\pi\left(\frac{rad.}{rev.}\right)}{60\left(\frac{s}{min.}\right)} = 120\pi \left(\frac{rad.}{s}\right)$$

Expresamos la potencia en watios, W;

$$P = 160 \, CV = 117.680 \, W$$

Planteamos la ecuación que nos relaciona la Potencia y el Par mecánico;

$$P = M\omega$$

Despejando el Par mecánico y sustituyendo los valores;

$$M = \frac{P}{\omega} = \frac{117.680}{120\pi} = 312{,}16 \, Nm$$

PROBLEMA 6.6. Un cuerpo de 10 kg. cuelga de una polea maciza de 5 kg. y de 0,30 m. de radio. El peso de la cuerda es despreciable.

Calcúlese.

a)- Aceleración angular de la polea.

b)- Aceleración lineal del cuerpo.

c)- Tensión de la cuerda.

d)- Velocidad del cuerpo y la polea 1 s. después de iniciarse el movimiento.

Nota 1: El momento de inercia de la polea es;

$$I = \frac{1}{2}m_p R_g^2$$

Solución.

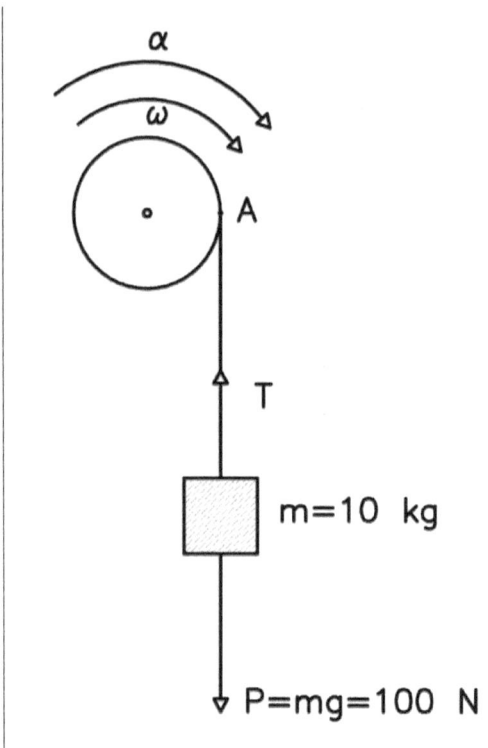

a)- Planteamos las ecuaciones de la dinámica para el cuerpo y para la polea.

Para el cuerpo en suspensión tenemos que;

$$mg - T = ma$$

Para la polea tenemos que;

$$M = Tr = I\alpha$$

Además, en el punto A la aceleración y velocidad de la polea coincide con la aceleración y la velocidad de la cuerda, por lo que podemos escribir;

$$a = \alpha r$$

Con estas ecuaciones podemos despejar el valor de la aceleración angular.

$$mg - \frac{I\alpha}{r} = ma$$

$$a = \alpha r$$

Despejamos la aceleración angular.

$$mg - \frac{I\alpha}{r} = m\alpha r$$

$$mg = m\alpha r + \frac{I\alpha}{r}$$

$$\alpha = \frac{mgr}{\left(mr + \frac{I}{r}\right)}$$

$$\alpha = \frac{mg}{\left(mr + \frac{1}{2}m_p r\right)}$$

Sustituyendo los valores;

$$\alpha = \frac{10 \cdot 10}{\left(10 \cdot 0{,}30 + \frac{1}{2} \cdot 5 \cdot 0{,}30\right)} = 26{,}67 \; rad./s^2$$

b)- La velocidad lineal se calcula;

$a = \alpha r$

$a = 26{,}67 \cdot 0{,}30 = 8 \ m/s^2$

c)- Tensión de la cuerda;

$mg - T = ma$

$T = mg - ma = m(g - a)$

$T = 10(10 - 8) = 20 \ N$

d)- Velocidad del cuerpo y de la polea después de 1 s.;

$v = v_0 + at$

$v = 0 + 8 \cdot 1 = 8 \ m/s$

Como la velocidad del punto A es la misma para la cuerda así como para la polea en ese punto, así que;

$v_A = \omega t$

La cuerda tiene la misma velocidad en toda su longitud;

$8 = \omega \cdot 1$

$\omega = 8 \ rad./s.$

La velocidad de la polea es por lo tanto de 8 rad./s.

PROBLEMA 6.7. De una polea maciza cuelgan dos cuerpos, tal y como se muestra en la figura. Un cuerpo pesa 1 kg y el otro 2 kg. Si el radio de la polea es de 0,20 m.

Calcúlese.

a)- Aceleración angular de la polea.

b)- Aceleración lineal de cada uno de los cuerpos.

c)- Tensiones a ambos lado de la polea.

Nota 1: El momento de inercia de la polea es 0,4 kgm².

Solución.

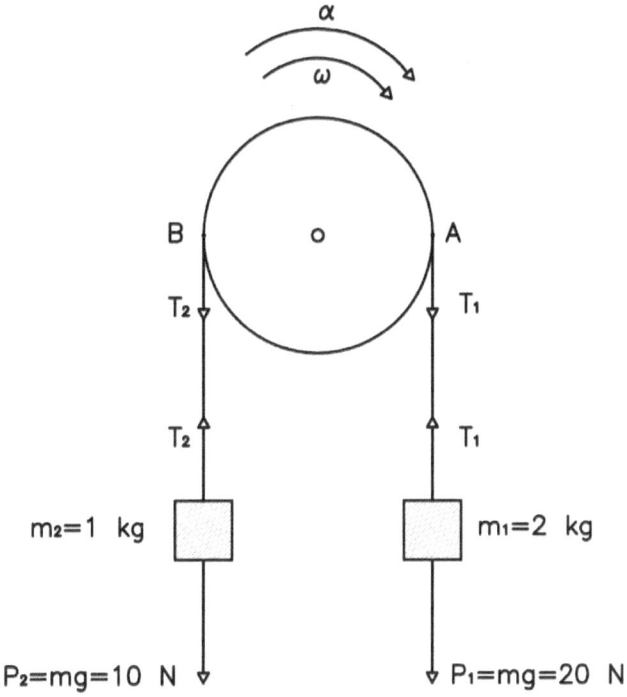

a)- Para calcular la aceleración angular plateamos las ecuaciones de la dinámica.

$$m_1 g - T_1 = m_1 a$$

$$T_2 - m_2 g = m_2 a$$

Además tenemos la ecuación fundamental de la dinámica de rotación;

$$T_1 r - T_2 r = I\alpha$$

Y tenemos la ecuación que nos relaciona la aceleración angular con la aceleración lineal o tangencial;

$$a_A = \alpha r$$

Con estas cuatro ecuaciones podemos obtener el valor de la aceleración angular.

Multiplicamos por r, la primera y la segunda ecuación y las sumamos miembro a miembro, y nos queda;

$$m_1 gr + T_2 r - T_1 r - m_2 gr = (m_1 + m_2)ar$$

Sustituimos la ecuación;

$$T_1 r - T_2 r = I\alpha$$

En la ecuación anterior y nos queda;

$$m_1 gr - I\alpha - m_2 gr = (m_1 + m_2)ar$$

Sustituimos la expresión de la aceleración en la ecuación anterior;

$$m_1 gr - I\alpha - m_2 gr = (m_1 + m_2)r^2 \alpha$$

Reagrupamos los términos;

$$(m_1 + m_2)r^2 \alpha + I\alpha = m_1 gr - m_2 gr$$

Despejamos alfa;

$$\alpha = \frac{m_1 gr - m_2 gr}{\left((m_1 + m_2)r^2 + I\right)}$$

Sustituyendo los valores obtenemos;

$$\alpha = \frac{2 \cdot 10 \cdot 0{,}20 - 1 \cdot 10 \cdot 0{,}20}{\big((2+1)0{,}2^2 + 0{,}40\big)}$$

$$\alpha = 3{,}84 \; rad/s^2$$

b)- Las aceleraciones de los cuerpos es la misma para ambos cuerpos, con la única diferencia de que la masa de 2 kg. baja y la masa de 1 kg. sube.

$$a_{m1} = 3{,}84 \cdot 0{,}20 = 0{,}77 \; m/s^2$$

c)- Tensiones a ambos lado de la polea.

Aplicando las ecuaciones de la dinámica ya podemos obtener las tensiones en la polea;

$$T_2 - m_2 g = m_2 a$$

$$m_1 g - T_1 = m_1 a$$

Despejamos las tensiones;

$$T_2 = m_2 a + m_2 g = m_2(a + g)$$

$$T_1 = m_1 g - m_1 a = m_1(g - a)$$

Sustituyendo valores;

$$T_2 = 1(0{,}77 + 10) = 10{,}77 \; N$$

$$T_1 = 2(10 - 0{,}77) = 18{,}46 \; N$$

PROBLEMA 6.8. Una polea compuesta se compone de dos poleas simples unidas sólidamente. De las cuerdas de la polea cuelgan masas de 2 y 4 kg. respectivamente. Los radios de la polea son 0,4 y 0,2 cada una.

Calcúlese.

a)- Aceleración angular de la polea.

b)- Aceleración lineal de cada uno de los cuerpos.

c)- Tensiones a ambos lado de la polea.

Nota 1: El momento de inercia de la polea es 0,5 kgm².

Nota 2: Tomar g = 10 m/s² y sentido hacia abajo.

Solución.

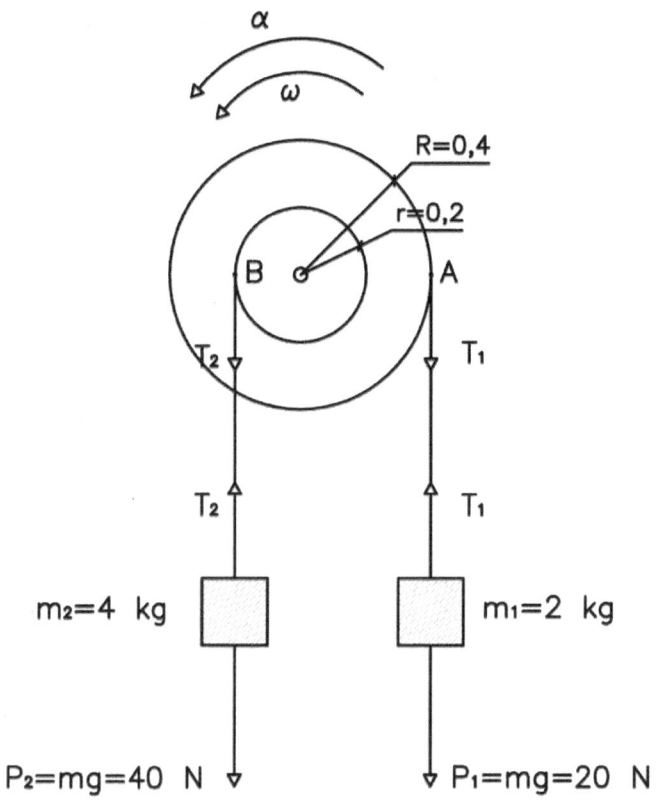

a)- Planteamos las ecuaciones de la dinámica.

$$T_1 - m_1 g = m_1 a_1$$

$$m_2 g - T_2 = m_2 a_2$$

$$T_2 r - T_1 R = I\alpha$$

$$a_1 = \alpha R$$

$$a_2 = \alpha r$$

Multiplicamos la primera ecuación por *"r"* y la segunda por *"R"*;

$$T_1 R + m_2 g r - m_1 g R - T_2 r = m_1 a_1 R + m_2 a_2 r$$

Ordenamos la ecuación para que sea mas clara;

$$(T_1 R - T_2 r) + m_2 g r - m_1 g R = m_1 a_1 R + m_2 a_2 r$$

Sustituimos la ecuación;

$$(T_2 r - T_1 R) = I\alpha$$

En la ecuación anterior;

$$(-I\alpha) + m_2 g r - m_1 g R = m_1 a_1 R + m_2 a_2 r$$

Sustituimos las aceleraciones lineales de cada uno de los cuerpos en la ecuación anterior;

$$(-I\alpha) + m_2 g r - m_1 g R = m_1 \alpha R^2 + m_2 \alpha r^2$$

Reagrupamos términos y despajamos la aceleración angular;

$$\alpha = \frac{m_2 g r - m_1 g R}{m_1 R^2 + m_2 r^2 + I}$$

Sustituimos los valores;

$$\alpha = \frac{4 \cdot 10 \cdot 0{,}2 - 2 \cdot 10 \cdot 0{,}4}{2 \cdot 0{,}4^2 + 4 \cdot 0{,}2^2 + 0{,}5}$$

$\alpha = 0$

La aceleración angular es cero, por lo que la polea permanece en equilibrio.

b)- Los cuerpos están en reposo por lo que su aceleración será cero.

c)- Como la polea está en reposo la tensión en las cuerdas corresponderá con la fuerza necesaria para que equilibre el peso de las masas que cuelgan.

$T_1 = m_1 g = 20\ N$

$T_2 = m_2 g = 40\ N$

PROBLEMA 6.9. Un volante de inercia de una máquina de gran potencia tiene una masa de 60 kg. y un radio de 0,60 m. En funcionamiento normal el disco gira a 1.200 r.p.m.

Calcúlese.

a)- Calcular el momento de inercia del disco.

b)- Fuerza a aplicar en su periferia para detener el disco en 40s.

Solución.

a)- El momento de inercia del disco se calcula aplicando la ecuación;

$$I = \frac{1}{2}mR^2$$

$$I = \frac{1}{2} \cdot 60 \cdot 0{,}6^2 = 10{,}8 \; kgm^2$$

b)- Fuerza a aplicar;

La velocidad angular es;

$$\omega = \frac{1.200 \cdot 2\pi}{60} = 40\pi \; rad./s$$

El volante de inercia varía su velocidad desde la velocidad inicial hasta el reposo;

$$\alpha = \frac{\omega_f - \omega_0}{t}$$

$$\alpha = \frac{0 - 40\pi}{40} = -\pi\ rad./s^2$$

Como conocemos el momento de inercia y la aceleración angular, podemos calcular el par necesario para parar el disco.

$$M = I\alpha$$

$$M = 10{,}8 \cdot (-\pi) = 33{,}93\ Nm$$

Obtenemos la fuerza;

$$M = Fr$$

$$F = \frac{M}{r} = \frac{33{,}93}{0{,}6} = 56{,}55\ N$$

PROBLEMA 6.10. Sobre un disco homogéneo de 0,40 m. de radio y un momento de inercia de 3,5 kgm², se aplica de manera continuada una fuerza de 10 N de manera tangencial a su borde exterior.

Calcúlese.

a)- Velocidad del disco 10 segundos después de iniciar el movimiento.

b)- Energía cinética en t = 10 s. y en t = 20 s.

c)- Potencia media en t = 10 s.

Solución.

a)- Velocidad del disco 10 segundos después de iniciar el movimiento.

Calculamos la aceleración angular.

$$\alpha = \frac{M}{I} = \frac{Fr}{I}$$

$$\alpha = \frac{10 \cdot 0{,}4}{3{,}5} = 1{,}14 \; rad./s^2$$

Aplicamos la ecuación de la cinética para el movimiento circular.

$$\omega = \omega_0 + \alpha t$$

$$\omega = 0 + 1{,}14 \cdot 10 = 11{,}4 \; rad./s$$

b)- Energía cinética en t = 10 s. y en t = 20 s.

$$E_c = \frac{1}{2}I\omega^2$$

Para t = 10 s.

$$E_c = \frac{1}{2} \cdot 3{,}5 \cdot 11{,}4^2 = 227{,}43\,J$$

Para t = 20 s.

$$\omega = 0 + 1{,}14 \cdot 20 = 22{,}8\,rad./s$$

$$E_c = \frac{1}{2} \cdot 3{,}5 \cdot 22{,}8^2 = 909{,}72\,J$$

c)- Potencia instantánea y potencia media en t = 10 s.

La potencia instantánea es la potencia en cada instante, por lo que deberá ser una función del tiempo.

$$P = \frac{W}{t}$$

En este caso particular el trabajo es igual a la variación de la energía cinética del cuerpo.

$$W = \Delta E_c$$

En t = 0, la energía cinética es cero, y en t = t, es decir, en cualquier instante t, la energía es función del tiempo. Por lo tanto la expresión del trabajo en función del tiempo queda;

$$W = \Delta E_c = E_t - E_0$$

$$W = \frac{1}{2}I\omega^2 - 0$$

Sustituimos la velocidad angular por su expresión en función del tiempo;

$$W = \frac{1}{2}I(\alpha t)^2$$

$$W = 2{,}27t^2$$

Sustituimos la anterior expresión en la ecuación de la potencia;

$$P = \frac{W}{t} = \frac{2{,}27t^2}{t} = 2{,}27t\ W$$

La potencia instantánea en t = 10 s.

$$P = 2{,}27 \cdot 10 = 22{,}7\ W$$

CAPÍTULO 7.

TERMODINÁMICA

La termodinámica es la parte de la Física que se ocupa de la transformaciones de la energía calorífica o térmica en energía mecánica (movimiento).

DEFINICIONES

Energía térmica: La energía térmica es la forma de la energía que poseen los cuerpos debido a la energía mecánica de sus moléculas. Recuérdese que las moléculas que forman un cuerpo poseen energía cinética y potencia.

Calor: Se conoce por calor, a la energía térmica en tránsito desde un cuerpo caliente a otro cuerpo más frío.

Temperatura: La temperatura es una medida que hacemos a los distintos cuerpos para poder determinar el estado térmico y la energía cinética de las moléculas que lo componen.

Capacidad Calorífica: La capacidad calorífica de un cuerpo es la cantidad de calor que necesita ese cuerpo para aumentar en 1 °C (1 °K) la temperatura del mismo.

Calor Específico: Es la cantidad de calor que debemos de suministrar a un 1 g. de una determinada sustancia para elevar su temperatura 1 °C (1 °K).

Calor Latente: Es la cantidad de calor que absorbe o desprende un gramo de una determinada sustancia, a una presión determinada, para cambiar de estado.

Máquina Térmica: Una máquina térmica es todo artefacto creado por el hombre, que tiene la capacidad de transformar la energía térmica en energía mecánica de manera controlada y cíclica.

PRIMER PRINCIPIO DE LA TERMODINÁMICA.

El **primer principio de la termodinámica** también es conocido como principio de conservación de la energía, y se puede enunciar tal como sigue;

Cualquiera que sea la cantidad de calor (ΔQ) que entre en un sistema, parte de ese calor se empleará en realizar un trabajo (ΔW) y parte se empleará en incrementar su energía interna (ΔU).

$$\Delta Q = \Delta W + \Delta U$$

SEGUNDO PRINCIPIO DE LA TERMODINÁMICA.

El **segundo principio de la termodinámica** nos indica que los procesos y transformaciones termodinámicas ocurren en cierta dirección y no en la dirección inversa. De lo que se deduce que un determinado proceso no sucede a menos de satisfaga ambos principios de manera simultánea.

Enunciado de Kenvin-Plank del 2º Principio:

Es imposible para cualquier dispositivo termodinámico recibir calor de una ínica fuente de calor y producir una cantidad de trabajo neta.

Otra manera de enunciarlo es decir, que ninguna máquina térmica tiene un rendimiento del 100 %.

POSTULADO DE ESTADO.

El estado de un sistema compresible simple queda completamente especificado por el valor de dos propiedades intensivas independientes.

LEY DE JOULE

La energía interna de un gas perfecto no depende ni del volumen ni de su presión, únicamente depende de su temperatura.

Ecuaciones fundamentales de la Termodinámica.

Calores intercambiados.

Calor Sensible	$Q = mc_e \Delta T$
Calor Latente	$Q = mL_v$

Ecuación de estado de los gases ideales.

Ecuación de estado	$pV = nRT$

Calores intercambiados en gases perfectos.

Calor molar a volumen constante	$Q = mc_v \Delta T$

Calor molar a presión constante $$Q = mc_p \Delta T$$

Relaciones entre calores molares.

Relación de Mayer $$c_p - c_v = R$$

Coeficiente adiabático de los gases $$\gamma = \frac{c_p}{c_v}$$

Rendimiento de una máquina térmica.

Rendimiento $$\eta = \frac{W}{Q_1} = \frac{Q_1 - Q_2}{Q_1}$$

Transformaciones termodinámicas más relevantes.

Transformación	Ecuación	Energía Interna	Calor	Trabajo
Isoterma	$pV = cte$	$\Delta U = 0$	$\Delta Q = \Delta W$	$\Delta W = nRT \ln\left(\dfrac{V_2}{V_1}\right)$
Isobárica	$\dfrac{V}{T} = cte$	$\Delta U = nc_v \Delta T$	$\Delta Q = nc_p \Delta T$	$\Delta W = p \Delta V$
Isocora	$\dfrac{p}{V} = cte$	$\Delta U = nc_v \Delta T$	$\Delta Q = \Delta U$	$\Delta W = 0$
Adiabática	$pV^\gamma = cte$	$\Delta U = -\Delta W$	$\Delta Q = 0$	$\Delta W = -nc_v \Delta T$

TERMODINÁMICA.

PROBLEMA 7.1. En una olla de cocina se vierten a temperatura ambiente 1 litro de agua. La olla se coloca sobre un fuego y se calienta hasta los 80 °C.

Calcúlese.

a)- Cantidad de calor aportado al agua.

b)- Potencia calorífica si en calentar el agua se invirtieron 2 minutos.

Dato 1: Temperatura ambiente de 15 °C.

Dato 2: . Calor específico del agua 4,18 (kj/kg°C)

Dato 3: Densidad del agua 1.000 kg/m³.

Solución.

a)- Como conocemos todos los datos podemos aplicar directamente la ecuación;

$$\Delta Q = mc_e \Delta T$$

$$\Delta Q = (0{,}001 \cdot 1.000) \cdot 4{,}18 \cdot (80 - 15)$$

$$\Delta Q = 271{,}7 \; kJ$$

b)- La potencia calorífica, será el cociente en entre la cantidad de calor suministrada y el tiempo que se invierte en calentarlo.

$$P = \frac{\Delta Q}{t} = \frac{mc_e \Delta T}{t}$$

$$P = \frac{271{,}7}{120} = 2{,}26 \; kW$$

PROBLEMA 7.2. En calorímetro un calorímetro, se tienen 2 litros de agua 20 °C. En un instante dado se introduce en el calorímetro, 200 g. de plomo a 200 °C.

Calcúlese.

a)- Temperatura final con que se alcanza el equilibrio.

b)- Cantidad de calor transferida al agua.

c)- Cantidad de calor transferida al calorímetro.

Nota 1: Considérese que el sistema está aislado del exterior.

Dato 1: Calor específico del plomo 0,128 (kj/kgK).

Dato 2: Calor específico del agua 4,18 (kj/kg°C)

Dato 3: Capacidad calorífica del calorímetro 40 (cal/°C)

Dato 4: Densidad del agua 1.000 kg/m³.

Solución.

a)- Aplicamos el primer principio de la termodinámica al sistema en cuestión.

$$\Delta Q - \Delta W = \Delta U$$

Como el sistema está aislado, los intercambios de calor y de trabajo, son cero, por lo que la ecuación anterior toma la forma.

$$0 - 0 = \Delta U$$

El sistema está compuesto por el agua, el calorímetro y la masa de plomo. Por otra parte, cuando se alcance el equilibrio todas las masas del sistema tendrán la misma temperatura.

Escribimos los calores que se van a poner en juego.

Calor recibido por el agua.

$$\Delta Q = mc_e \Delta T$$

$$\Delta Q_a = 2 \cdot 4{,}18 \cdot (T_f - 20)$$

Calor recibido por el calorímetro.

$$\Delta Q = K_c \Delta T$$

$$\Delta Q_c = 40\left(\frac{cal}{ºC}\right) \cdot (T_f - 20)(ºC)$$

Calor cedido por el plomo.

$$\Delta Q = mc_e \Delta T$$

$$\Delta Q_p = 0{,}2 \cdot 0{,}128 \cdot (T_f - 200)$$

Como el sistema está aislado, el calor cedido por el plomo será el calor ganado por el agua y el calorímetro. Entonces tenemos que la variación de la energía interna del sistema es cero, tal y como habíamos indicado anteriormente.

$\Delta U = 0 - 0$

$\Delta Q_a + \Delta Q_c + \Delta Q_p = 0$

$2 \cdot 4{,}18 \cdot (T_f - 20) + 40(T_f - 20) =$

$= -0{,}2 \cdot 0{,}128 \cdot (T_f - 200)$

Tenemos ahora una ecuación con una incógnita, por lo tanto se puede resolver directamente.

Pero antes de resolver nada, hay que hacer notar que el calorímetro tiene unidades de energía en calorías y no en kJ, como el resto de los sumando, por lo tanto convertimos las calorías a kJ.

$K_c = 40(\dfrac{cal}{ºC}) \cdot \dfrac{1}{1.000}(\dfrac{kcal}{cal}) \cdot \dfrac{4{,}18}{1}(\dfrac{kJ}{kcal})$

$K_c = 0{,}167(\dfrac{kJ}{ºC})$

Ahora sí, que podemos resolver el problema.

$8{,}36 \cdot (T_f - 20) + 0{,}167(T_f - 20) =$

$= 0{,}0256 \cdot (200 - T_f)$

$(8{,}36 + 0{,}167 + 0{,}0256) \cdot T_f =$

$= (167{,}2 + 3{,}34 + 5{,}12)$

$$T_f = \frac{(167{,}2 + 3{,}34 + 5{,}12)}{(8{,}36 + 0{,}167 + 0{,}0256)} = 20{,}53 \ ºC$$

b)- Cantidad de calor transferida al agua.

$$\Delta Q_a = 2 \cdot 4{,}18 \cdot (20{,}53 - 20)$$

$$\Delta Q_a = 2 \cdot 4{,}18 \cdot (20{,}53 - 20) = 4{,}43 \ kJ$$

c)- Cantidad de calor transferida al calorímetro.

$$\Delta Q_c = 0{,}167 \left(\frac{kJ}{ºC}\right) \cdot (20{,}53 - 20)(ºC)$$

$$\Delta Q_c = 0{,}09 \ kJ$$

PROBLEMA 7.3. Un recipiente de 1 litro de capacidad está lleno de agua a temperatura de 20 °C.

Calcúlese.

a)- Cantidad de calor para subir su temperatura hasta 100 °C.

b)- Cantidad de calor para vaporizar la totalidad del agua.

Nota 1: Considérese que el sistema está aislado del exterior.

Nota 2: Se trata de agua a presión atmosférica.

Dato 1: Calor específico del agua 4,18 (kj/kg°C).

Dato 2: Calor latente del agua L_v= 2.255,18 (kj/kg°C).

Dato 3: Densidad del agua 1.000 kg/m³.

Solución.

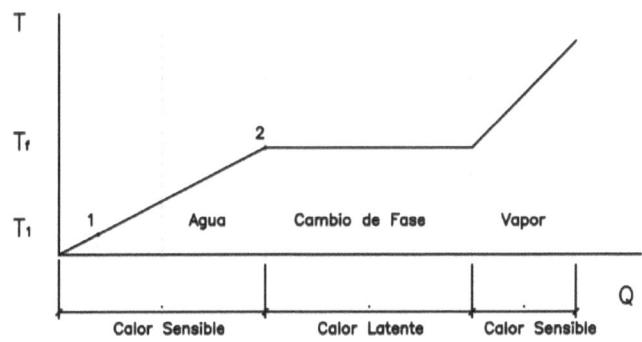

a)- Cantidad de calor para subir su temperatura hasta 100 °C.

$$\Delta Q = mc_e \Delta T$$

$$\Delta Q_a = 1(kg) \cdot 4{,}18(\frac{kJ}{kg\,^\circ C}) \cdot (100-20)(^\circ C)$$

$$\Delta Q_a = 334{,}40 \; kJ$$

b)- Cantidad de calor para vaporizar la totalidad del agua.

Para vaporizar el agua habrá que aportarle el calor latente de vaporización.

$$\Delta Q = mL_v$$

$$\Delta Q = 1(kg) \cdot 2.255{,}18\left(\frac{kJ}{kg}\right) = 2.255{,}18 \; kJ/kg$$

PROBLEMA 7.4. En un calorímetro, con una capacidad calorífica de 100 (cal/°C), se tiene 0,8 litros de agua, a 20 °C. En un momento dado se introducen unos cubitos de hielo a (-10°C), en total 100 g. de hielo.

Calcúlese.

a)- Temperatura de equilibrio.

Nota 1: Considérese que el sistema está aislado del exterior.

Dato 1: Calor específico del agua 4,18 (kj/kg°C).

Dato 2: Calor de fusión del hielo L_v= 334,72 (kj/kg°C).

Dato 3: Calor específico del hielo 2,05 (kj/kg°C).

Dato 4: Densidad del agua 1.000 kg/m³.

Solución.

a)- Temperatura de equilibrio.

El calor ganado por el hielo debe ser igual al calor perdido por el agua más el calor perdido por el calorímetro.

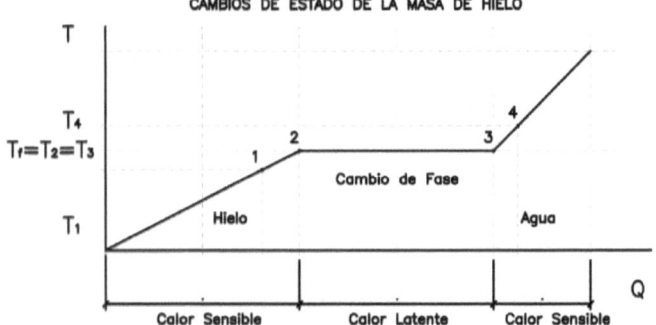

El calor ganado por el hielo se compone de, el calentamiento del hielo, calentamiento latente y el calentamiento del agua líquida.

Calor para calentar el hielo de (-10) °C a 0 °C.

$$\Delta Q_{h1} = m \cdot c_h \cdot (T_2 - T_1)$$

$$\Delta Q_{h1} = 0{,}1 \cdot 2{,}05 \cdot (0 - (-10))$$

$$\Delta Q_{h1} = 2{,}05 \; kJ$$

Calor para la fusión del hielo.

$$\Delta Q_{h2} = m \cdot L_v$$

$$\Delta Q_{h2} = 0{,}2 \cdot 334{,}72$$

$$\Delta Q_{h2} = 66{,}94 \; kJ$$

Calor para calentar el agua desde la temperatura de 0 °C hasta la temperatura final.

$$\Delta Q_{h3} = m \cdot c_e \cdot (T_4 - T_3)$$

$$\Delta Q_{h1} = 0{,}1 \cdot 4{,}18 \cdot (T_4 - 0)$$

$$\Delta Q_{h1} = 0{,}418 \cdot T_4$$

Calores cedidos por el agua y por el calorímetro.

Calor cedido por el agua del calorímetro.

$$\Delta Q_a = m \cdot c_e \cdot (T_4 - 20)$$

$$\Delta Q_a = 0{,}8 \cdot 4{,}18 \cdot (T_4 - 20)$$

Calor cedido por el calorímetro.

$$\Delta Q = K_c \Delta T$$

$$\Delta Q_c = 100\left(\frac{cal}{ºC}\right) \cdot (T_4 - 20)(ºC)$$

Expresamos la capacidad calorífica del calorímetro en kJ/°C.

$$\Delta Q_c = 0{,}418\left(\frac{kJ}{ºC}\right) \cdot (T_4 - 20)(ºC)$$

Igualamos el calor cedido por el agua y el calorímetro al calor recibido por la masa de hielo.

$$(68{,}99 + 0{,}418 T_4) + (3{,}34 + 0{,}418) \cdot (T_4 - 20) = 0$$

$$(68{,}99 + 0{,}418 T_4) = -(3{,}76) \cdot (T_4 - 20)$$

$$(68{,}99 + 0{,}418 T_4) = (3{,}76) \cdot (20 - T_4)$$

$$(68{,}99 + 0{,}418 T_4) = 75{,}2 - (3{,}76) \cdot T_4$$

$$(3{,}76 + 0{,}418) T_4 = 75{,}2 - 68{,}99$$

$$T_4 = 1{,}49 \,ºC$$

PROBLEMA 7.5. Aplicando el primer principio de la termodinámica a un recipiente que contiene 2 kg de agua a 20 °C.

Calcúlese.

a)- La variación de energía interna si se caliente el agua de 20 °C hasta 80 °C.

b)- La variación de energía interna si con un agitador mecánico de 50 W se agita el agua durante 2 min.

c)- Temperatura que alcanza del agua en el apartado b.

Nota 1: Considérese que el sistema está aislado del exterior.

Dato 1: Calor específico del agua 4,18 (kj/kg°C).

Solución.

Aplicamos el primer principio de la Termodinámica.

$$\Delta Q - \Delta W = \Delta U$$

$$\Delta Q = \Delta U$$

a)- En este caso particular no se realiza trabajo sobre el agua solo se calienta.

$$\Delta Q - 0 = \Delta U$$

$$\Delta Q = m \cdot c_e \cdot (T_f - 20)$$

$$\Delta Q = 2 \cdot 4{,}18 \cdot (80 - 20)$$

$$\Delta U = 501{,}5 \, kJ$$

b)- En este caso particular si que se realiza trabajo sobre el agua. Según el criterio de signos adoptado, el trabajo que entra en el sistema (agua) tiene signo negativo.

$$0 - \Delta W = \Delta U$$

$$W = P \cdot t$$

$$W = 50 \cdot 120 = 6.000 J$$

Como el trabajo es entrante tiene signo negativo, tal y como habíamos dicho.

$$-(-6.000) = \Delta U$$

$$\Delta U = 6.000 \, J$$

c)- Temperatura que alcanza del agua en el apartado b.

$$6 = 2 \cdot 4{,}18 \cdot (T_f - 20)$$

$$6 = 8{,}36 \cdot T_f - 167{,}2$$

$$6 + 167{,}2 = 8{,}36 \cdot T_f$$

$$T_f = \frac{6 + 167{,}2}{8{,}36} = 20{,}71 \; ºC$$

PROBLEMA 7.6. Una masa de aire de 500 g. se calienta a presión constante desde la temperatura ambiente hasta los 300 °C.

Calcúlese.

a)- Cantidad de calor aportado a la masa de aire.

b)- La variación de la energía interna.

c)- Calcular el trabajo realizado por el gas aplicando el primer principio.

Dato 1: Calor específico a presión constante del aire, C_p= 1,005 (kj/kg°C).

Dato 2: Calor específico a volumen constante del aire, C_v= 0,718 (kj/kg°C).

Dato 3: Coeficiente adiabático del aire, γ= 1,4 (kj/kg°C).

Dato 4: La temperaturas ambiente es de 20 °C.

Solución.

Aplicamos el primer principio de la Termodinámica.

$$\Delta Q - \Delta W = \Delta U$$

a)- Cantidad de calor aportado a la masa de aire.

$$\Delta Q = m \cdot c_p \cdot \Delta T$$

$$\Delta Q = 0,5 \cdot 1,005 \cdot (300 - 20)$$

$\Delta Q = 140{,}7 \ kJ$

b)- La variación de la energía interna. La energía interna solo depende de la temperatura del gas.

$\Delta U = m \cdot c_v \cdot \Delta T$

$\Delta U = 0{,}5 \cdot 0{,}718 \cdot (300 - 20)$

$\Delta U = 100{,}52 \ kJ$

c)- Trabajo realizado por el gas.

Calculamos el trabajo realizado despejando de la ecuación del primer principio de la Termodinámica, el trabajo.

$\Delta Q - \Delta W = \Delta U$

$\Delta W = \Delta Q - \Delta U$

$\Delta W = 140{,}7 - 100{,}52 = 40{,}18 \ kJ$

PROBLEMA 7.7. Hallar el trabajo realizado por un gas cualquiera, cuando se expansiona isotérmicamente desde 1 litro a 6 at. Hasta un volumen final de 10 litros.

Dato 1: Factor de conversión 1 (at.l) = 101,39 (J/at.l).

Solución.

Aplicamos el primer principio de la Termodinámica.

$\Delta Q - \Delta W = \Delta U$

Como el proceso es isotérmico la variación de temperatura es igual a cero.

$\Delta T = 0$

$\Delta U = m \cdot c_v \cdot \Delta T$

$\Delta U = 0$

Para un gas ideal como es el caso de este problema, tenemos que el trabajo realizado es de ;

$$W = \int_{V_1}^{V_2} p \, dV$$

La ecuación de estado para gases ideales;

$pV = nRT$

Despejando la presión;

$$p = \frac{nRT}{V}$$

Sustituyendo en la ecuación del trabajo.

$$W = \int_{V_1}^{V_2} \frac{nRT}{V} dV$$

Sacamos fuera de la integral aquellos valores que son constante.

$$W = nRT \int_{V_1}^{V_2} \frac{dV}{V}$$

Realizando la integral, obtenemos;

$$W = nRT \ln\left(\frac{V_2}{V_1}\right)$$

Como hemos, el proceso es isotermo, es decir T = cte. Podemos poner;

$$p_1 V_1 = p_2 V_2 = nRT$$

Sustituimos esta expresión en la ecuación anterior.

$$W = p_1 V_1 \ln\left(\frac{V_2}{V_1}\right)$$

De esta ecuación conocemos todas las variables.

$$W = 6\,(at.) \cdot 1(l.) \cdot \ln\left(\frac{10\,(l.)}{1\,(l.)}\right)$$

$$W = 13{,}81\,(at \cdot l.)$$

Expresamos el trabajo en julios.

$$W = 13{,}81\,(at \cdot l.) \cdot 101{,}39\left(\frac{J}{at.l}\right)$$

$$W = 1.400{,}75\,J$$

PROBLEMA 7.8. Un compresor comprime aire desde un volumen de 1.500 cc hasta un volumen de 100 cc. Si el aire se toma a temperatura y presión ambiente.

Calcúlese.

a)- Temperatura y presión finales.

b)- Trabajo necesario para comprimir dicho volumen.

Dato 1: Coeficiente adiabático del aire, $\gamma = 1,4$.

Dato 2: La temperatura ambiente es de 20 °C.

Dato 3: La presión es de 1 at.

Dato 4: La constante R del aire es de 0,287 (kj/kg°C).

Dato 5: Calor específico a volumen constante del aire, $C_v = 0,718$ (kj/kg°C).

Solución.

a)- Temperatura y presión finales.

Los procesos de compresión realizados por los compresores son muy rápidos, por lo que se puede considerar que se trata de un **proceso adiabático**.

Siendo un proceso adiabático se cumple la siguiente ecuación;

$$p_1 V_1^\gamma = p_2 V_2^\gamma$$

$$p_2 = p_1\left(\frac{V_1}{V_2}\right)^\gamma$$

Sustituimos los valores conocidos.

$$p_2 = 1\ (at.)\left(\frac{1.500}{100}\right)^{1,4} = 44{,}34\ at.$$

Para obtener la temperatura final del proceso, aplicamos la ecuación general de los gases;

$$\frac{p_1 V_1}{T_1} = \frac{p_2 V_2}{T_2}$$

Despejamos la temperatura final del proceso.

$$T_2 = \frac{T_1 p_2 V_2}{p_1 V_1}$$

$$T_2 = \frac{20\ (^oC) \cdot 44{,}34\ (at.) \cdot 100(cc.)}{1\ (at.) \cdot 1.500(cc.)} = 59{,}12\ ^oC$$

b)- Trabajo necesario para comprimir dicho volumen.

Para obtener el trabajo, aplicaremos el primer principio de la termodinámica.

$$\Delta Q - \Delta W = \Delta U$$

Como el proceso es adiabático el calor intercambiado con el ambiente es cero.

$$0 - \Delta W = mc_v \Delta T$$

De la ecuación anterior no conocemos la masa, por lo que la calculamos con la ecuación de estado de los gases ideales.

$$pV = mRT$$

$$m = \frac{p_1 \cdot V_1}{R \cdot T_1}$$

En esta ecuación debemos meter todas las variables en unidades del S.I.

$$p_1 = 1 \ (at.) = 101{,}325 \ kPa$$

$$V_1 = 1.500 \ (cc.) = 0{,}0015 \ m^3$$

$$T_1 = 20 \ ºC = 293{,}15 \ ºK$$

$$m = \frac{101{,}325 \cdot 0{,}0015}{0{,}287 \cdot 293{,}15} = 0{,}0018 \ kg$$

Ahora ya conocemos la masa y podemos calcular el trabajo;

$$\Delta W = 0{,}0018 \cdot 0{,}718 \cdot (59{,}12 - 20)$$

$$\Delta W = 0{,}05 \ kJ$$

$$\Delta W = 50 \ J$$

PROBLEMA 7.9. Una determinada máquina funciona con un gas cualquiera, por ejemplo aire. Dicho gas sigue el ciclo termodinámico que se puede ver en la figura siguiente.

Calcúlese.

a)- Trabajo realizado por el gas cuando pasa de el estado 1 al estado 2.

b)- Cuando pasa del estado 2 al estado 3.

c)- Cuando pasa del estado 3 al estado 4.

d)- Cuando pasa del estado 4 al estado 1.

e)- Trabajo neto realizado por el gas.

Dato 1: Factor de conversión 1 (at.l) = 101,39 (J/at.l).

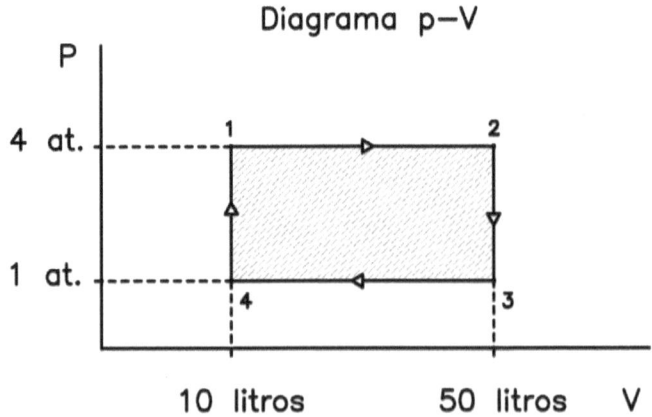

Diagrama p–V

Solución.

a)- Trabajo realizado por el gas cuando pasa de el estado 1 al estado 2. Este trabajo se realiza a presión constante por lo que podemos calcular el trabajo con la ecuación;

$$W = p\Delta V$$

$$W = 4 \cdot (50 - 10) = 160 \ at.l.$$

En unidades del S.I.

$$W = 160 \ (at.l.) \cdot 101{,}39 \left(\frac{J}{at.l.}\right) = 16.222{,}4 \ J$$

El trabajo es positivo, lo que indica que el gas realiza trabajo sobre el entorno.

b)- Cuando pasa del estado 2 al estado 3.

Cuando el gas pasa de 2 a 3, no se realiza trabajo, pues no se produce variación de volumen.

c)- Cuando pasa del estado 3 al estado 4.

$$W = p\Delta V$$

$$W = 1 \cdot (10 - 50) = - 40 \ at.l.$$

En unidades del S.I.

$$W = 40 \ (at.l.) \cdot 101{,}39 \left(\frac{J}{at.l.}\right) = - 4.055{,}6 \ J$$

El trabajo es negativo, lo que indica que el gas recibe trabajo desde el entorno.

d)- Cuando pasa del estado 4 al estado 1.

Cuando el gas pasa de 4 a 1, no se realiza trabajo, pues no se produce variación de volumen.

e)- Trabajo neto realizado por el gas.

El trabajo neto realizado será la suma de los trabajos realizado y recibidos por el gas durante un ciclo completo.

$$W_{neto} = 16.222,4 - 4.055,6 = 12.166,8 \, J$$

PROBLEMA 7.10. Calcular el poder calorífico de un combustible sabiendo de 10 g. del mismo, calientan 1 litro de agua desde 10 °C hasta los 50 °C.

Dato 1: Calor específico del agua, C_e= 1 (cal/g°C).

Solución.

La cantidad de calor aportado al agua es de;

$$\Delta Q = 1.000 \ (g) \cdot 1 \left(\frac{cal.}{g.\underline{°}C}\right) \cdot (50 - 10)(\underline{°}C)$$

$$\Delta Q = 40.000 \ cal.$$

Se necesitan por lo tanto, 40.000 calorías para elevar la temperatura de 1 litro de agua desde los 10 °C hasta los 50 °C.

Como no se nos da ninguna información acerca del proceso de combustión ni de los procesos de transmisión de calor, supondremos que todo el calor generado por el combustible se utiliza en elevar la temperatura del agua.

$$\Delta Q = m_{comb.} \cdot PC$$

Despejando el poder calorífico de la ecuación anterior tenemos;

$$PC = \frac{\Delta Q}{m_{comb.}}$$

$$PC = \frac{40.000 \ (cal.)}{10 \ (g.)} = 4.000 \ (\frac{cal.}{g.})$$

ANEXO 1.

UNIDADES.

UNIDADES FUNDAMENTALES EN EL SISTEMA INTERNACIONAL (SI)		
Magnitud Física	Nombre Unidad	Abreviatura
Longitud	Metro	m
Masa	Kilogramo	kg
Tiempo	Segundo	s
Temperatura	Kelvin	K
Corriente Eléctrica	Amperio	A
Intensidad lumínica	Candela	cd
Cantidad de materia	Mol	mol

UNIDADES DERIVADAS Y SUPLEMENTARIAS

Magnitud Física	Nombre Unidad	Abreviatura	Expresión en unidades del SI
Unidades Derivadas			
Superficie	Metro cuadrado	m²	
Volumen	Metro Cúbico	m³	
Densidad	Kilogramo por metro cúbico	kg/m³	
Frecuencia	Hertz	Hz	1/s
Velocidad	Metro por segundo	m/s	
Velocidad Angular	Radián por segundo	rad/s	
Aceleración	Metro por segundo al cuadrado	m/s²	
Aceleración Angular	Radián por segundo al cuadrado	rad/s²	
Fuerza	Newton	N	kg.m/s²
Presión	Pascal	Pa	N/m²
Viscosidad cinemática	Metro cuadrado por segundo	m²/s	
Viscosidad dinámica	Pascal por segundo	Pa.s	N.s/m²

Trabajo y Energía	Julio	J	N.m
Potencia	Vatio	W	J/s
Carga eléctrica	Culombio	C	A.s
Tensión eléctrica	Voltio	V	W/A
Resistencia eléctrica	ohmio	Ω	V/A
Conductancia eléctrica	Siemens	S	A/V
Capacidad eléctrica	Faradio	F	C/V
Flujo magnético	Weber	Wb	V.s
Coeficiente de Autoinducción	Henrio	H	Wb/A
Inducción electromagnética	Tesla	T	Wb/m^2
Intensidad de campo magnético	Amperio por metro	A/m	
Intensidad de campo eléctrico	Voltio por metro	V/m	
Fuerza electromotriz	Amperio	A	
Flujo luminoso	Lumen	lm	cd/Sr
Luminancia	Candela por metro cuadrado	cd/m^2	
Iluminación	Lux	lx	lm/m^2

Actividad radioactiva	Desintegraciones por segundo	Bq	1/s
Unidades Suplementarias			
Angulo plano	Radián	rad	
Ángulo sólido	Estereorradián	sr	

MULTIPLOS, PREFIJOS Y SÍMBOLOS			
Factor	Notación	Prefijo	Símbolo
1.000.000.000.000.000.000	10^{18}	exa	E
1.000.000.000.000.000	10^{15}	peta	P
1.000.000.000.000	10^{12}	tera	T
1.000.000.000	10^{9}	giga	G
1.000.000	10^{6}	mega	M
1.000	10^{3}	kilo	k
100	10^{2}	hecto	h
10	10^{1}	deca	da
1	1	--	--
0,1	10^{-1}	deci	d
0,01	10^{-2}	centi	c
0,001	10^{-3}	mili	m
0,000.001	10^{-6}	micro	µ
0,000.000.001	10^{-9}	nano	n
0,000.000.000.001	10^{-12}	pico	p

| 0,000.000.000.000.001 | 10^{-15} | femto | f |
| 0,000.000.000.000.000.001 | 10^{-18} | atto | a |

ANEXO 2.

CONSTANTES FÍSICAS.

CONSTANTES FÍSICAS (SI)		
Constante	Símbolo	Valor en el SI.
Carga eléctrica elemental	e	$1{,}602189 \cdot 10^{-19}\ C$
Número de Avogadro	N	$6{,}022 \cdot 10^{23}\ part./mol$
Constante de Boltzmann	$k = \dfrac{R}{N}$	$1{,}380662 \cdot 10^{-23}\ J/K$
Constante de Faraday	$F = Ne$	$9{,}648455 \cdot 10^{4}\ C/mol$
Constante universal de los gases	R	$8{,}31441\ \dfrac{J}{mol.K}$
Constante de Planck	h	$6{,}626176 \cdot 10^{-34}\ J.s$
Constante dieléctrica en el vacío	ε_0	$\dfrac{1}{4\pi \cdot 9 \cdot 10^9}\left(\dfrac{C^2}{N.m^2}\right)$
Constante de Gravitación Universal	G	$6{,}6720 \cdot 10^{-11}\ Nm^2/kg^2$
Masa del electrón	m_e	$9{,}109534 \cdot 10^{-34}\ kg$
Masa del protón	m_p	$1{,}672648 \cdot 10^{-27}\ kg$
Masa del neutrón	m_n	$1{,}672648 \cdot 10^{-27}\ kg$

Permeabilidad del vacío	μ_0	$4\pi \cdot 10^{-7}\ N/A^2$
Unidad de masa atómica	uma	$1{,}660565 \cdot 10^{-27}\ kg$
Velocidad de la luz en el vacío	c	$2{,}997925 \cdot 10^8\ m/s$

ANEXO 3.

TRIGONOMETRÍA.

TRIÁNGULO RECTÁNGULO

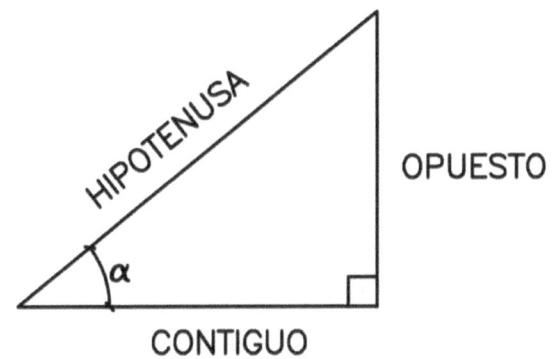

FUNCIONES TRIGONOMÉTRICAS

$\sin \alpha = \dfrac{OP.}{HIP.}$	$\cos \alpha = \dfrac{CONT.}{HIP.}$	$\tan \alpha = \dfrac{OP.}{CONT.}$
$\csc \alpha = \dfrac{HIP.}{OP.}$	$\sec \alpha = \dfrac{HIP.}{CONT.}$	$\cot \alpha = \dfrac{CONT.}{OP.}$

IDENTIDAS RECÍPROCAS

$\sin \alpha = \dfrac{1}{\csc \alpha}$	$\csc \alpha = \dfrac{1}{\sin \alpha}$
$\cos \alpha = \dfrac{1}{\sec \alpha}$	$\sec \alpha = \dfrac{1}{\cos \alpha}$
$\tan \alpha = \dfrac{1}{\cot \alpha}$	$\cot \alpha = \dfrac{1}{\tan \alpha}$

IGUALDADES DE TANGENTE Y COTANGENTE

$\tan \alpha = \dfrac{\sin \alpha}{\cos \alpha}$	$\cot \alpha = \dfrac{\cos \alpha}{\sin \alpha}$

ECUACIONES BASADAS EN EL TEOREMA PITÁGORAS

$$\sin^2 \alpha + \cos^2 \alpha = 1$$

$$1 + \tan^2 \alpha = \sec^2 \alpha$$

$$1 + \cot^2 \alpha = \csc^2 \alpha$$

Licencia de imagen de portada,

Archivo: Cassini-science-br.jpg Fuente: http://es.wikipedia.org/w/index.php?title=Archivo:Cassini-science-br.jpg
Licencia: Public Domain Contribuyentes: Pieter Kuiper, Steff, 1 ediciones anónimas

www.ingramcontent.com/pod-product-compliance
Lightning Source LLC
Chambersburg PA
CBHW020904180526
45163CB00007B/2616